U0192342

电网建设
生态环境保护管理

《电网建设生态环境保护管理》编委会　编

中国电力出版社

CHINA ELECTRIC POWER PRESS

内 容 提 要

本书主要针对电网建设中输变电工程的生态环境保护管理要点展开分析，以输变电建设项目全过程生态环境保护为主线，全面详细地阐述了输变电工程从选址选线、可行性研究、项目设计、运行直至退役阶段的全过程生态环境保护管理经验。方便在电网建设过程中，使设计、施工、运行等人员掌握不同阶段的生态环境保护管理要求，做到在规划阶段，坚持适度超前，避免重复拆建，注意优化变电站选址和线路路径，有效保护山水林田湖草生态系统；在建设阶段，严格遵守生态环境保护标准，积极采用新技术、新工艺、新材料，提高土地资源利用效率，减少施工过程对生态环境的影响；在运行阶段，加强管理和监控，确保环境保护设施运行正常，实现噪声、电磁环境等指标达标，努力做到电网建设的生态环境保护工作"程序合法、监测达标、环境友好、公众接受"。

作者结合多年从事电网生态环境保护的工作实践，全面系统地总结出输变电工程全过程生态环境保护管理经验，可供电网建设项目设计、施工、运行人员使用，也可供其他建设项目相关管理人员参考使用。

图书在版编目（CIP）数据

电网建设生态环境保护管理／《电网建设生态环境保护管理》编委会编. —北京：中国电力出版社，2020.12（2023.4 重印）
ISBN 978-7-5198-4991-7

Ⅰ.①电⋯ Ⅱ.①电⋯ Ⅲ.①电网—电力工程—工程施工—生态环境保护 Ⅳ.① TM727 ② X322

中国版本图书馆 CIP 数据核字（2020）第 183276 号

出版发行：中国电力出版社
地　　址：北京市东城区北京站西街19号（邮政编码100005）
网　　址：http：//www.cepp.sgcc.com.cn
责任编辑：崔素媛（010-63412392）　马玲科
责任校对：黄　蓓　王海南
装帧设计：郝晓燕
责任印制：杨晓东

印　　刷：三河市万龙印装有限公司
版　　次：2020年12月第一版
印　　次：2023年4月北京第二次印刷
开　　本：710毫米×1000毫米　16开本
印　　张：9.75
字　　数：134千字
定　　价：36.00元

编 委 会

前　言

　　党的十八大以来，党中央推进生态文明建设决心之大、力度之大、成效之大前所未有。党的十八大报告中，生态文明建设被纳入"五位一体"总体布局，十九大报告进一步对生态文明建设提出新要求，强调树立社会主义生态文明观，实行最严格的生态环境保护制度，国家将生态保护红线制度作为一项重要的环境监管制度，严格控制生产建设项目开发。

　　电网建设作为关系国计民生的重要一环，在我国经济发展和全面实现小康过程中起着举足轻重的作用。在电网发展过程中，应践行"绿水青山就是金山银山""良好生态环境是最公平的公共产品，是最普惠的民生福祉"的重要生态环境保护理念，作者结合自身多年从事电网生态环境保护的工作实际，总结了新形势下电网建设特别是输变电建设项目从选址选线、可行性研究、项目设计、运行直至退役阶段的生态环境保护管理经验，可供电网建设项目设计、施工、运行人员在新形势下，更好地开展电网建设项目生态环境保护管理工作。

　　当前我国有关生态环境保护的许多法律法规正处于深度调整期，电网建设的生态环境保护管理人员应及时跟踪最新的生态环境保护法律法规，本书所介绍的工作方法，希望能帮助电网建设的设计、施工、运行人员及其他建设项目相关管理人员树立生态兴则文明兴、生态衰则文明衰的深邃历史观；树立人与自然是生命共同体的科学自然观；树立绿水青山就是金山银山的绿色发展观；树立良好的生态环境是最普惠民生福祉的基本民生观；树立统筹山水林田湖草系统治理的整体系统观；树立实行最严格生态环境保护制度的严密法治观；树立生态环境保护、生态环境治理需要全社会共同行动的全民行动观；树立共建清洁美丽世界的共赢全球观。

　　本书由刘强、江世雄策划；第1章由李熙编写；第2章由车艳红编写；第3、4章由江世雄、王重卿编写；第5、6章由刘强、陈震平编写；第7章由程慧青编写；绘图由谭培培完成。统稿工作由刘强、江世雄完成。本书在编撰过程中得到了各级领导、专家及出版社工作人员的大力支持，在此一并表示感谢！

　　因作者水平所限，书中不妥之处在所难免，恳请广大读者批评指正，提出宝贵意见。

编　者

2020 年 9 月

目　录

前言

第 1 章　概述

1.1　生态环境保护管理理念

20世纪六七十年代是国际生态治理的起步阶段，随着《寂静的春天》《增长的极限》的出版发表，国际社会普遍认识到以工业发展、财富积累为目的的人类活动已经给自身的生态环境带来了严峻的危机。此后，各发达国家纷纷把生态治理提上了重要日程。1972年6月5日，联合国在瑞典首都斯德哥尔摩召开了联合国人类环境会议，会议通过了《人类环境宣言》，并提出将每年的6月5日定为"世界环境日"。次年1月，正式成立了联合国在生态环境治理领域的核心机构——联合国环境规划署。至此，国际环境治理体系开始建立。

1.1.1　从"先污染后治理"到"绿水青山就是金山银山"

1.西方发达国家的"先污染后治理"[1]

经济效益与环境保护在绝大多数情况下是存在冲突的。环境作为一种自然资源，除了具有满足人类生存和生理需要的"生存性功能"，同时又有为人类经济活动提供一定的容纳、分解、净化废弃物空间的"生产性功能"。"污染"这一概念的本质，其实就是"生产性环境功能"降低了"生存性环境功能"的价值。经济模式的选择，意味着要在这两种环境功能之中作权衡和抉择，换句话说，即选择"污染"的程度。如果单从环境保护的角度出发，那么取消第二种功能，即停止一切生产活动，自然可以使环境永远保持在最好的状态。但由于环境本身的稀缺性，化解矛盾的办法不可能是消灭其中一个保留另一个，而是要寻求一种组合，使得这两种功能对人类产生的效用综合达到最大。

"先污染后治理说"便是关于环境保护与经济发展相互关系的一种观点。它认为在经济发展的一定阶段，不得不忍受环境污染，只有当环境经济发展到一定水平，才可能有效地去治理。持这种观点的人，并不是反对采取措施进行处理和防止污染，也不是认为治理污染毫无必要，而是指出在经济水平不高的条件下，相当一部分环境保护目标和措施，将由于经济水平和技术水平的限制而不能实现，社会需要忍受环境污染的后果。无论是源头防治、过程控制还是末端处理，都是追求经济效益与环境保护最优配置的诸多治理方案中的一种。

美国环境经济学家格罗斯曼和克鲁格就此提出了著名的环境库兹涅茨曲线假说，即环境污染与经济发展之间存在一种倒 U 形的曲线关系：在某一地区，随着经济发展水平（人均 GDP）不断提高，一个阶段环境污染会加剧；达到污染拐点后，环境质量才会好转。多数研究者认为，在经济起飞阶段，第二产业比例加重，工业化和城市化带来严重的生态环境问题；当主要经济活动从高能耗、高污染的工业转向低污染、高产出的服务业、信息业时，生产对环境资源的压力降低；环境破坏和经济发展由此呈现出倒 U 形的曲线关系。

西方发达国家在工业化进程中，曾经走过一条"先污染后治理"的发展道路。经过几百年的工业化发展，许多国家的生态环境急剧恶化。英国是最早开始走上工业化道路的国家，伦敦在很长一段时期是著名的"雾都"。1930 年，比利时爆发了世人瞩目的马斯河谷烟雾事件。20 世纪 60 年代，美国著名的海洋生物学家蕾切尔·卡逊指出：如果不加强环境保护，人类将迎来"寂静的春天"。自 20 世纪 70 年代开始，西方发达国家中越来越多的民众意识到环境保护问题的重要性，开展了如火如荼的环保运动。与此同时，政府也加大了环境治理力度，这些发达国家的环境才逐渐好转。

2. 我国的生态环境保护之路

我国生态环境保护史上的一个个里程碑，铭刻着中国特色社会主义生态环境保护的执政理念、战略思想和工作思路，它们在不断完善和深化。

1973 年，中国召开的第一次全国环境保护会议，确定了"全面规划、合理布局、综合利用、化害为利、依靠群众、大家动手、保护环境、造福人民"的"32 字方针"，这是我国第一个关于环境保护的战略方针。

1983 年，第二次全国环境保护会议提出"环境保护是一项基本国策"，强调要把环境污染和生态破坏解决于经济建设的过程之中，要求经济建设、城乡建设和环境保护同步规划、同步实施、同步发展，做到经济效益、社会效益和生态效益的统一。

1989 年，第三次全国环境保护会议提出积极推行强化环境管理的环境保护目标责任制、城市环境综合整治定量考核制、排放污染物许可证制、污染集中控制和限期治理 5 项新制度和措施。

1996 年，第四次全国环境保护会议明确提出"保护环境的实质就是保护生产力"，要坚持污染防治和生态保护并重。

2002 年，第五次全国环境保护大会重点强调了"环境保护是可持续发展战略的重要内容"。

2006 年，第六次全国环境保护大会提出"三个转变"，昭示着我国的环保事业已经进入一个新纪元，把环保工作推向了保护环境、优化经济增长的新阶段。

2011 年，第七次全国环境保护大会强调坚持在发展中保护、在保护中发展，积极探索环境保护新道路，切实解决影响科学发展和损害群众健康的突出环境问题，全面开创环境保护工作新局面。

2018 年，第八次全国生态环境保护大会提出，加大力度推进生态文明建设、解决生态环境问题，坚决打好污染防治攻坚战，推动中国生态文明建设迈上新台阶。

纵观改革开放以来，我国用短短 30 余年的时间，创造了西方发达国家几百年的工业化业绩，然而也带来了环境问题的集中爆发。西方国家曾爆发过的环境公害事件，在我国几乎都有表现。虽然早在 20 世纪 80 年代初，中国政府就提出走可持续发展道路，坚决不走发达国家"先污染后治理"的老路，但是过去 30 年似乎并未很好地贯彻到底。伴随着粗放式制造业加速扩张的同时，中国也进入了环境压力高峰，全国性雾霾天气频现，各项环保指标也不容乐观。目前，我国环境形势仍然是"局部好转、整体恶化"。好转的只是经济发达的局部地区的空气环境、水体环境或者土壤环境的某些方面，而范围更大的欠发达地区，先后又走上了污染的老路。[2]

虽然我国一直强调不走"先污染后治理"的道路，但是在经济发展过程中，"先污染后治理"实际仍然存在。"先污染后治理"现象在我国发生的主要原因有如下几点：

（1）我国现行的环境管理制度是以污染存在为前提，大部分认可污染的制度，执行这些制度本身就是"先污染后治理"。

（2）在我国法制不健全的社会体制下，在以经济建设为中心的基本方针下，对政府官员的考核过于偏重 GDP，下级政府想方设法向上级政府"要项目、要资金、要政策"，以实现其区域在经济和政治双重竞争中获胜，导致产能过剩、资源浪费、环境严重污染等问题。

（3）资源利用不当，技术难度大。

（4）认识上的滞后性和行动上的惰性。

（5）政府行政上把关不严，执法力度不够等。

（6）我国的生产形式和产业结构。

所以"先污染后治理"具有必然性和偶然性，两者相互统一并且可相互转化，在我国环境污染问题的出现，由于认识不到位、政策不到位、治理不到位，环境管理制度不完善，资源利用不当，技术难度大等主观原因，造成"先污染后治理"发生，同时也有客观原因，我国的生产形式和产业结构，遵循着第一、第二、第三产业先后成为主导产业的发展规律。在不同产业占主导地位的发展阶段，其环境污染效应也不一样。环境污染是生产的负效应，有生产往往就有污染。虽然生态环境具有自净能力，但当污染物超出其自净能力时，就会表现为环境危机，以致生态环境被破坏。所以只要生产发展经济就有污染，有污染就要治理，导致"先污染后治理"现象发生。

我国一些地方把经济发展和环境保护割裂开来，为此已经付出了巨大的生态环境代价。我们必须正视这一现实问题，从中吸取教训，必须积极探索生态环境保护新路，尽量减轻对环境的污染和破坏。虽然，我国已经提出了生态文明建设的战略部署，发展环境友好型经济，形成节能环保的产业结构、增长方式和消费模式。但是，由于政治思维的惯性和经济增长的要求，生态指标往往是生产指标的补充；官员评价体制没有根本改变，GDP崇拜没有得到根本遏制，生态定位的执行还有较长的路要走。[3] 因此，我们必须坚持生态文明导向，在中国特色社会主义建设全局中实施促进生态文明建设的战略。

3. "绿水青山就是金山银山"发展理念

"绿水青山就是金山银山"是我国当今甚至今后很长一段时期内的发展理念。规划先行，是既要金山银山，又要绿水青山的前提，也是让绿水青山变成金山银山的顶层设计。"绿水青山就是金山银山"是中国特色社会主义生态文明制度建设的顶层设计，在党的十八大报告中，生态文明建设上升为党的执政方针。十八大以来，党的生态思想又有新发展，它站在中华民族永续发展、人类文明发展的高度，明确地把生态文明作为继农业、工业文明之后的一个新阶段，指出生态文明建设是政治，关乎人民主体地位的体现、共产党执政基础的巩固和中华民族伟大复兴的中国梦的实现。

党的十九大报告中指出，坚持人与自然和谐共生。必须树立和践行"绿水青山就是金山银山"的理念，坚持节约资源和保护环境的基本国策，像对待生命一样对待生态环境，统筹山水林田湖草系统治理，实行最严格的生态环境保护制度，形成绿色发展方式和生活方式，坚定走生产发展、生活富裕、生态良好的文明发展道路，建设美丽中国，为人民创造良好生产生活环境，为全球生态安全做出贡献。

1.1.2　我国生态环境保护现状 [4]

我国作为发展中国家，人口数量庞大，资源环境禀赋差及发展不平衡的问题尚未得到根本解决。此前城市化、工业化阶段的经济增长方式粗放，主要靠大量能源与资源的消耗，并且对能源的需求量与日俱增。在经济高速发展的同时，也带来了资源的枯竭及一系列的生态环境问题。

目前受技术、经济、安全等因素的影响，非化石能源未来供应能力还存在不确定性，煤炭消费目前占我国能源消费的绝对比重仍较高。由汽车尾气、生活排放、工业排放、扬尘等共同造成的雾霾天气，已成为近几年公众迫切关注的问题。另外，中国水资源总量在世界排名靠前，但人均占有量不到世界平均水平，特别是北方地区面临着水资源的严重缺乏。土地沙化是我国西北地区当前最为严重的生态环境问题，近年来的沙尘暴、沙化土地问题使得生态环境的保护和改善越来越迫切，给国民经济和社会发展造成了较大影响。现在我国北方地区分布的戈壁、荒漠化土地有 200 多万平方千米，已占国土面积的 1/4 左右。

整体来看我国生态环境问题仍不容乐观，但各省市地区也在持续不断推进生态文明建设，牢固树立"绿水青山就是金山银山"这一现代生态文明观，加快改变经济发展过度依赖劳动力、土地和资源等物质生产要素投入的局面，积极推进生态治理。

就 2016 年来看，全年完成造林面积 6.79 万 km^2，其中人工造林面积 3.81 万 km^2；森林抚育面积 8.37 万 km^2。截至 2016 年年底，自然保护区达到 2750 个，其中国家级自然保护区 446 个。新增水土流失治理面积 5.4 万 km^2，新增实施水土流失地区封育保护面积 1.6 万 km^2。优化能源结构，清洁能源消费比重提高 1.7 个百分点，煤炭消费比重下降 2 个百分点，全国万元国内生产总值能耗下降 5.0%。强化大气污染治理，二氧化硫、氮氧化物排放量分别下降 5.6% 和 4%，74 个重点城市细颗粒物（PM2.5）年均浓度下降 9.1%。中央财政分别安排大气、水、土壤污染防治专项资金 112 亿元、140 亿元、91 亿元。发挥政府与社会资本合作（Public-Private Partnership，PPP）示范项目引领作用，生态环境保护领域入库项目 630 多个。

2016 年，围绕中央经济工作会议和《政府工作报告》部署，落实大气、水、土壤污染防治行动计划，强化污染治理与生态保护协同联动。从中央环保督察制度形成到省以下环保机构垂直管理试点，从国家生态文明试验区试点到生态环境损害赔偿制度试点，生态文明制度建设已经按下快进键，改革步伐加快，成果有目共睹，公众的信心得到较大的提振。

事实上，有专家指出，农村生态环境治理已经十分紧迫，城乡一体化进程中乡镇工业污染严重，一些城市污染进入农村，农村生态系统发生改变。生态环境遭到破坏会制约农村经济的发展，甚至危及整个社会的可持续发展。一方面，工业污染排放和城市垃圾转移成为进入农村的主要外部污染。乡镇企业中存在很多重污染企业，有些化工、建材、冶炼等行业企业建在了自然环境良好的农村区域，甚至是河流和湖泊的周围。由于一些乡镇企业管理者欠缺环境保护意识，致使工业废水、废弃物等随意排放。这不仅危及当地农村居民的健康，还会引发一系列社会问题。另一方面，有些农村的城市化发展导致生态系统发生改变。农村生态环境污染的后果十分严重，如引发食品安全问题，危及农民的身体健康，制约农村经济发展。生态环境遭到破坏，大气、水等发生污染，气候变化异常，最为直接的影响就是农业。在农业生产技术和规模化生产还没有达到发达程度阶段，农业依然是"靠天吃饭"，气候变化异常直接导致农业减产，危及农村经济的发展。因此，我国农村地区的生态治理问题理应得到更高的关注与重视。

1.1.3　国外生态环境保护的经验 [4]

1. 推进整体生态理念，注重国际合作

德国曾经是 20 世纪环境污染最为严重的国家之一，存在着莱茵河污染严重、鲁尔区衰落而带来的大气污染等一系列生态问题。经过几十年的努力，德国的生态环境已大大改善，其生态治理经验如今已成为多国学习借鉴的对象。

首先，为了恢复鲁尔区的活力，德国政府把土地修复作为出发点和着眼点，全面解决老矿区遗留下来的土地破坏和环境污染问题。在矿山治理方面建立起比较完备的法律体系，如《德国经济补偿法》《德国矿产资源法》等，保证煤炭开采补偿有法可依。州政府设立土地基金，购地后对污染严重地区进行修复处理后再出让给新企业。其次，实现产业升级，关、停、并那些生产成本高、机械化水平低、生产效率低的煤矿，将采煤业集中到盈利多和机械化水平高的大型企业中。

对于莱茵河的生态治理，德国主要是以整体性生态理念推进。首先是展开国际间的合作，成立了由德国、法国、瑞士、荷兰、卢森堡等国家共同组成的"保护莱茵河国际委员会"，进行跨国治理。其中，该委员会的秘书长永久性地由生活在莱茵河下游的荷兰人担任，以便于其全力监督上游各国的污染问题。其次是实施整体性生态规划，注重莱茵河大生态系统治理的理念，对城市、农村和社区以及森林、湖泊的协同治理，大力投入资金进行动植物保护栖息地建设，针对河流中的城市生活药品残留物进行监测、过滤，改变工业化时期对河道裁弯取直等反生态改造，恢复其自然弯曲原貌等。

2. 强有力的森林生态保护是发展国民经济的重要因素

森林是陆地生态系统的主体。森林不仅可以涵养水源、防风固沙、改善生态环境，维持人与生物圈的生态平衡，维护生物多样性，还可以提供林副产品，发挥很大的经济功能。

瑞典森林工业在国民经济中起着至关重要的作用，在世界上也处于领先地位。瑞典林业属于出口导向型，每年外贸出口收入中森林工业占了很高的比例。瑞典 2015 年森林覆盖率为 68.7%，相比之下，我国全国现有森林面积约为 210 万 km^2，森林覆盖率却仅为 21.6%。由于严格执行《森林法》，控制采伐量，重视林业教育和科研工作，进行科学育林的经营，瑞典森林总蓄积量和总生长量总体在不断提高。瑞典制定了非常严苛的砍伐标准，近十年中保持着大约每年 1 亿 m^3 的林木种植总量，而同时每年的采伐量维持在 0.8 亿 m^3。

瑞典在 1993 年的新森林法中明确了环境目标和生产目标必须放置在同等地位。瑞典只占有世界上 1% 的商业用林面积，但是却为全世界提供了 10% 的锯材、生活用纸等产品。由于木材可以吸收二氧化碳释放氧气，有效缓解温室效应，2004 年瑞典开始推行一项政策，即鼓励大型建筑物、公共场所建筑采用木质结构，近几年木质结构的建筑物数量也在逐年递增。

另外，相较于许多发达国家，瑞典还有着很高的纸张回收量，未经加工的废木材和残渣也能用于可再生能源的生产。瑞典高度发达的技术体系、森林工业也为生物质能的研发起到了非常关键的作用。瑞典对森工企业各项生产指标都有着严格的标准，同时企业也都非常积极地履行着社会责任。例如瑞典著名的利乐包装 (Tetra Pak)，其所有包装产品都可以回收再利用，做成文具、桌椅、建筑材料等，使它们在完成包装的功能后，能够"废而不弃"。

瑞典非常重视森林生态的科研投资，其中国家拨款占 38%，私人投入占 60%。瑞典在高标准保护森林生态系统的同时，还能使森林发挥其经济价值。在各项保护实践中，发挥突出作用的是保护森林生物多样性以及处理各方利益关系的各类机构，例如政府机构 "Swedish Forest Agency" (SFA)，还有民间组织 "Federation of Swedish Farmers" (Lantbrukarnas Riksförbund，LR)。

3. 持续有效地进行生态环境立法工作

1952 年 12 月的"伦敦烟雾事件"震惊世界。而今日的伦敦，空气已经有了极大的改善。20 世纪 50 年代的英国和 21 世纪初的中国有很多相似之处：经济增长主要靠大量能源与资源的消耗，过度依赖煤炭等化石燃料。伦敦烟雾事件的成因与我国雾霾成因类似，伦敦主要污染物为 SO_2，我国城市雾霾主要污染物为 PM2.5。而其共同点是煤炭燃烧为主要污染源。因此伦敦烟雾事件对于大气污染物控制的经验可供我国参考借鉴。我国之前曾频发的大范围持续雾霾天气引起了世界的关注。2013 年 1 月，北京仅有 5 天的空气质量达到了二级标准，许多监测站点 PM2.5 浓度的监测值持续"爆表"。

从 1958 年到 1978 年的 20 年间，伦敦的颗粒物年均浓度降幅超过 90%，SO_2 年均浓度降幅超过 80%。在改善空气质量的 20 年间，伦敦政府采取的一项核心措施就是大范围地划定烟尘控制区，并在区域内进行壁炉的煤改气、燃煤锅炉的环保改造，同时禁止高污染燃料在控制区内销售。

烟尘控制区措施在 1956 年的《清洁空气法》中被提出。法案规定地方政府负责烟尘控制区的划分和相应污染控制措施的实施，以控制由非工业煤炭燃烧所产生的黑烟和 SO_2 的污染。由于"伦敦烟雾事件"的主犯是来自城区的家庭燃煤，因而在城区通过设立和扩大烟尘控制区，就可以有效控制城区烟尘的产生和排放。该规定要求在控制区内所有的燃煤壁炉须改造成燃油或燃气壁炉，如果实在不能改造，则须使用无烟燃料。为了能够快速推行壁炉改造，政府会提供至少 70% 的改造成本，而对于未按要求执行的个人将会被处以 10 英镑、100 英镑的罚款，甚至最高 3 个月的监禁。

4. 环境执法与环境立法并重

生态环境整治的概念被正式引入法律制度，始于 20 世纪五六十年代的美国。美国目前已经形成涵盖几乎所有生态领域的、较完善的环境法律体系格局。美国环境法律体系是一个有多立法主体、多层级的复杂体系。美国生态环境治理相关的法律法规主要有六个来源：宪法、立法机构（国会）、行政命令（总统或内阁）、司法（法院解释或判例）、行政部门法规（国会或法律授权）和国际法。不同立法主体制定的立法成果会以不同的形式编辑成典，分类明细。

环境立法与执法息息相关，环境执法一直是美国环保局的中心工作，也是 2014 ~ 2018 年战略规划的重点内容。美国环境执法主要分为大气执法，水执法，废物、化学品的清理活动执法和刑事执法。当有证据证明这些社区、企业或个人未能严格遵守环境法时，当局就将启动环境执法，通过民事、刑事与行政手段相结合来确保公众健康与环境得到保护。

美国环保局于 1982 年设立了刑事执法项目，其对象是有意或故意的严重违法行为，手段主要有刑事罚款和监禁。负责刑事执法的机构主要负责通过向联邦、州及地方检察官提供环境犯罪证据、司法鉴证分析及法律指导，调查并协助起诉环境犯罪。目前该机构拥有两百多位环境执法官，以保证全过程的公平合理。另外，美国还会通过信息披露来管控生态环境问题，这是从 20 世纪 90 年代互联网蓬勃发展就开始逐步实施的，通过公开企业或产品的信息，利用各方市场来对制造污染、超标的企业不断施加压力，以达到管控目标。

总体来看，美国就是通过渐进立法及体制机制的不断创新，建立了一个务实理性并充分利用市场机制的生态法制体系，并且注重通过公民诉讼制度推动生态问题得以解决。美国的生态法制体系中，有很多重要法律法规对同时期其他发达国家的生态治理具有重要借鉴意义。

1.1.4 国外生态治理经验对我国的政策启示

1. 明确生态环境保护中各主体间的关系与职责

合理划分生态环境保护职能，发挥好政府的主导作用。在现代社会运行中，政府在组织生态治理方面具有重要优势，主要是制定政策、信息整合公开、筹集各方资源等方面。但政府执行过程中也经常会因为权力集中等原因存在效率低下的问题，因此需要中央和地方政府明确各自职责，中央政府的工作重点在于顶层设计与监督，通过提供技术来源、人才、信息、资金等方式激励约束地方政府的公共治理行为。而市场在优化资源配置、提高效率方面具有政府所不及的优势，市场机制可以充分运用到生态治理中，无论是资金筹集还是具体实施都可以发挥市场的竞争机制。

有专家认为，当前中国生态治理主要依靠政府的规制手段，例如区域限批、环境执法、总量控制等行政手段，而经济手段的研究和制定却不充分。受益者付费和污染者付费的规则还需要在各级地方逐步落实，另外可以通过价格机制调控污染排放，进一步健全排污权交易、碳交易市场的运行机制、监督机制。在这两者之外，社会力量也是推动生态治理的重要角色。社会各界力量可以共同监督、督促政府和市场的生态治理行为，而且可以借鉴美国经验通过建立一套自下而上的公民诉讼制度来有效参与共同治理。除此之外，我国还应加强非政府组织的建设，例如专注于生态问题的智库研究机构等，培养一批与国际接轨的非政府力量，可以在多边场合积极发声。

我国生态治理不是政府的独角戏，政府、企业、公众多元主体应共同合作以推进生态文明建设的治理体系。因此，要充分整合企业、市场、非政府组织、公民等各方力量，加强制度创新，共同承担起生态治理责任。

2.强化法律保障，构建科学的生态文明评价体系、考核体系

在生态治理工作中，应加强生态司法、绿色执法、环保守法等环节，构建推动绿色发展的法治化机制，形成全面的生态评价指标体系以及生态治理考核体制机制。生态环境的改善，最根本的是相关法律机制的构建是否科学健全，最核心的是执法水平以及效率。有专家指出，目前我国生态治理领域的法律条文分散在资源节约、能源安全、生态建设等各种法律法规之间，系统性不强，甚至条款之间也存在细节上的矛盾。从美国的经验我们看到，依法行政贯穿于美国环保系统的各个部门，完善的体制机制为其执法形成了有力的制度保障。推进生态保护的标准化建设、健全生态治理的行业规范、将生态治理纳入法治化的轨道都是生态改善的先决条件。另外，还应建立对政府、企业的生态环境治理的考核机制。把生态效益、资源消耗、污染排放纳入经济社会发展评价体系，加大其考核权重，并及时向公众公开考核信息以及奖惩标准。

3.进一步加大区域联防联治，加强区域合作

大气污染、水污染这类生态治理，尤其需要区域间联防联控。类似德国莱茵河等治理案例，都是通过区域合作、国际合作取得了显著成效。因此也有专家提出探索研究区域、流域性环境保护立法的可行性，探索合理的立法模式。跨行政区的生态保护和污染防治一直是我国生态治理体系的薄弱环节。对于河流、湖泊的生态治理，有必要制定统一的区域、流域法律，以及重点区域、流域的单项法，并制定规定各利益主体的责任职责、资金投放、生态补偿规则、纠纷解决机制的相关制度。

比如针对大气污染治理，可以通过整体的规划集中供应能源，提高燃煤集中度，减少污染源。也可以城市群为单位尝试集中进行污染物排放治理，例如在京津冀一体化协同发展的过程中提高煤炭集中利用度就是一项可推行的措施。

4.拓宽公众参与渠道

全面拓宽公众参与渠道，是公众表达生态诉求，促进人与自然、社会和谐相处的必然要求。社会力量的加入，理性的公众参与，这对生态环境保护无疑是有利的。鉴于现阶段公众参与仍相对不足，应该从切实保障公民享受优质生态环境的权益和敦促公民履行生态责任两方面同时入手，通过有效的制度创新和组织创新，提高公众参与度，同时使政府、市场力量优势互补、有效结合。

例如大气污染治理是一项极其复杂庞大的工程，关系到广大国土中每一个人的切身利益，其影响深远，需要社会公众的共同参与。尤其是我国人口数量庞

大，加强全社会的生态治理观念，普及相关法律法规，引导健康合理的生活消费习惯，对改善生态十分重要。目前"12369 环境举报热线"已设立，但宣传力度远远不够。媒体应充分发挥传播宣传作用，运用各种传播手段增强全民参与监督的意识。有关部门需协调联动，倡导节约绿色的生活消费方式，动员全民参与生态保护和监督。学校、社区、单位都应定期开展科普活动，针对受众的差异性、隐蔽性等特点，采用不同方式的宣传手段。必要时还可引入听证代理人制度，在社区、单位中选择公众代表参与听证，充分发挥公众在生态治理中的主人翁作用。

5. 鼓励支持企业履行社会责任

学界普遍认为企业的生态环境保护责任是企业社会责任的一种，但尚未作出明确定义和范围阐述。其基本思想是认为企业在谋求自身经济效益、股东利益最大化的同时，还需要履行生态环境保护的社会责任。企业的生态责任首先是从生产源头控制有毒物质和致病因子进入生态系统中，其次是随着科技的不断进步提高生产原材料的利用率、回收率，提升产品品质，延长使用周期，尤其是重工业企业要避免对资源的过度开发。

另外，当前国际贸易竞争中，绿色贸易壁垒盛行，企业履行社会责任不仅是适应国际规范而且也是促进企业增强自身竞争力以适应国际竞争的内在要求。目前发达国家的各类企业都会公布企业社会责任年度报告，并向各界公开具体数据，但是目前我国只有部分企业在全面积极履行。因此我国还需要着力加强企业社会责任机制的全方位构建，健全企业社会责任公益诉讼机制。企业社会责任体现了企业利益和社会公众利益的一致性，因此企业在生产、经营和消费各个环节，都应该提高生态保护意识，自觉肩负起生态治理的社会责任。

在一系列重大决策部署之下，各地区各部门认真贯彻落实，全社会积极响应行动，生态文明建设扎实推进，成效明显。在生态文明建设顶层设计初步形成、制度体系逐步完善的基础上，环境治理和生态保护进程不断加快，开发格局和发展方式也不断优化。另外，更值得一提的是，全社会生态文明意识明显增强。政府做好生态环保工作的责任意识明显增强。公众在衣食住行各个方面尊重自然、爱护环境的行为更加自觉。

2017 年 6 月 10 ～ 22 日，人民论坛问卷调查中心针对生态治理发起了一项专题调查，意在了解公众如何看待我国现阶段的生态环境问题，以及怎样理解和期待今后的生态文明建设。本次调查面向全国社会公众，以互联网调查为主要形式展开。在关于生态治理问题的公众调查中，当问及"近几年来我国在生态治理方面所取得的成效如何？"时，有四成（42.7%）受访者表示"已经超出了我的预期"，三成（30.9%）受访者表示"和我预期的一样"，还有22.0%的受访者表示已经接近了预期，仅有4.4%的受访者认为"远没有达到我的预期"。由此可见，公众对于我国生态治理成效的评价普遍较高，这是党的十八大以来我国生态文明建设在理论与实践不断探索的展现。

公众对于我国生态治理成效的积极评价是大力推进全社会共治的坚实基础。"十三五"时期，改善环境质量成为生态治理的核心目标，原中华人民共和国环境保护部指出继续推进生态文明建设的重点举措：实行最严格的环境保护制度，不断提高环境管理系统化、科学化、法治化、精细化和信息化水平，以确保2020年生态环境质量总体改善；动员和支持公众积极践行低碳、环保、绿色的生活方式；全面推动环境监测、执法、审批、企业排污等信息公开，让政府和企业的环境责任也在公开透明中接受群众的监督等。

生态治理是一项长期的、艰巨的系统性工程，需要不断更新对生态环境变化趋势的科学认识和把握，但是从中国对生态文明建设的政策演变中，可以看到中国作为一个负责任的发展中大国，积极实施生态治理的决心与行动。

1.2 中国特色的生态环境保护管理 [5]

2018年的全国生态环境保护大会全面总结了党的十八大以来我国生态文明建设和生态环境保护的历史性成就，深刻阐述了生态文明思想，对打好污染防治攻坚战做了全面部署，贯穿了马克思主义中国化的立场、观点、方法，是建设生态文明和美丽中国的根本遵循，对我国迈上生态文明建设新台阶，具有重大现实意义和深远历史意义。

1.2.1 中国特色生态文明思想

中国特色生态文明思想主要包括建立健全以生态价值观念为准则的生态文化体系，以产业生态化和生态产业化为主体的生态经济体系，以改善生态环境质量为核心的目标责任体系，以治理体系和治理能力现代化为保障的制度体系，以生态系统良性循环和环境风险有效防控为重点的生态安全体系等五方面。中国特色生态文明思想的深刻内涵，有以下六个方面的原则。

1. 以"人与自然和谐共生"为本质要求

生态环境是关系党的使命宗旨的重大政治问题，也是关系民生的重大社会问题。生态环境没有替代品，用之不觉，失之难存。我们应像保护眼睛一样保护生态环境，像对待生命一样对待生态环境，让生态美景永驻人间。在人类发展史上，发生过破坏自然生态的事件，酿成惨痛教训。对此，恩格斯指出："我们不要过分陶醉于我们人类对自然界的胜利。对于每一次这样的胜利，自然界都对我们进行报复。"从这个意义上说，我们只有尊重自然、顺应自然、保护自然，才能实现经济社会可持续发展。

2. 以"绿水青山就是金山银山"为基本内核

绿水青山是有价的，保护自然就是增值自然价值和自然资本的过程；生态环境的价值，又是随发展而变化的。"既要绿水青山，也要金山银山"，强调两者兼顾，要立足当前，着眼长远。"宁要绿水青山，不要金山银山"，说明生态环境一旦遭到破坏就难以恢复，因而开发不能以破坏生态环境为代价。绿水青山就是金山银山，反映两者可以转化。我们要贯彻创新、协调、绿色、开放、共享发展理念，用集约、循环、可持续的方式做大"金山银山"，形成节约资源和保护环境的空间格局、产业结构、生产方式、生活模式，给自然留下休养生息的时间空间。

3. 以"良好生态环境是最普惠民生福祉"为宗旨精神

生态文明建设，既是民意，也是民生；既可以增进群众福祉，也可以让群众公平分享发展成果。随着物质文化生活水平的不断提高，城乡居民需求在升级，不仅关注"吃饱穿暖"，还增加了对良好生态环境的诉求，更关注饮用水安全、空气质量等议题。生态环境保护修复，也是对人民群众生态产品需求日益增长的积极回应。我们应坚持生态惠民、生态利民、生态为民，解决损害群众健康的突出环境问题，植树造林，既让当代人享受绿色福利，也能造福子孙后代，让后人"乘凉"。

4. 以"山水林田湖草是生命共同体"为系统思想

人类赖以生存和发展的自然系统，是社会、经济和自然的复合生态系统，是普遍联系的有机整体。山水一般代指自然生态，由山、水、林、田、湖、草等要素组成；山是水之源，水是生命之基，地是财富之母，均是人类生存和发展不可或缺的支撑条件。人类只有遵循自然规律，生态系统才能保持稳定、和谐、再生的状态，才能持续焕发生机活力。我们要统筹兼顾，自觉推动绿色发展、循环发展、低碳发展；多措并举，统一管理国土空间用途，全地域、全过程建设生态文明，使生态系统功能和群众健康得到最大限度的保护，使经济、社会、文化和自然相互依存，良性循环。

5. 以"最严格制度最严密法治保护生态环境"为重要抓手

2012年以来，我国开展了一系列根本性、开创性、长远性工作，实施中央环保督察制度，深入推进大气、水、土壤污染防治三大行动计划，生态环境保护发生了历史性、转折性、全局性变化。此外，生态文明建设和生态环境保护仍处于压力叠加、负重前行的关键期。我们必须咬紧牙关，爬过这个坡，迈过这道坎；必须加快制度创新，完善法规和标准体系，让制度成为刚性约束和不可触碰的高压线，环境司法愈加深入，监督常态化，环境信息披露越来越及时完整，守法成为企业社会责任，公众参与越来越有序有效，环境治理迈入法治化轨道。

6. 以"共谋全球生态文明建设"彰显大国担当

中国以全球视野、世界眼光、人类胸怀，推动治国理政理念走向更高视野、更广时空。保护生态环境，应对全球气候变化，是人类面临的共同挑战。中国将继续承担应尽的国际义务，同世界各国深入开展生态文明领域的交流合作，携手共建生态良好的地球美好家园。中国将一如既往地深度参与全球环境治理，通过"一带一路"建设等多边合作机制，为全球生态环境保护和气候变化提供解决方案，成为重要参与者、贡献者、引领者。

1.2.2　新时代生态环境保护的重点任务

2012年以来，党中央统筹推进"五位一体"总体布局和协调推进"四个全面"战略布局，全力推进大气、水、土壤污染防治，污染治理力度之大、制度出台频度之密、监管执法尺度之严、环境质量改善速度之快，前所未有。

（1）生态环境质量有所改善。近几年，我国已经退出钢铁产能1.7亿t以上、煤炭产能8亿t；加强散煤治理，推进重点行业节能减排，71%的煤电机组实现超低排放；提高燃油品质，淘汰黄标车和老旧车2000多万辆。与2013年相比，2017年全国338个地级及以上城市PM10平均浓度下降22.7%，京津冀、长三角、珠三角等重点区域PM2.5平均浓度分别下降了39.6%、34.3%、27.7%。"大气十条"各项任务顺利完成。加强重点流域水污染防治，打响碧水保卫战，重点解决集中饮用水水源地、黑臭水体、劣V类水体和排入江河湖海不达标水体的治理问题，大江大河干流水质明显改善，水变清已被公众感知。

（2）生态环境保护与建设取得成效。天然林资源保护、退耕还林还草、退牧还草、防护林体系建设、河湖与湿地保护修复、防沙治沙、水土保持、石漠化治理、野生动植物保护及自然保护区建设等一批重大生态保护与修复工程稳步实施。自然保护区面积不断扩大，国家重点保护野生动植物种类以及大多数重要自然遗迹得到有效保护；生物多样性，特别是部分珍稀濒危物种野外种群数量稳中有升。全国受保护的湿地面积增加，荒漠化和沙化状况连续三个监测周期实现面积"双缩减"；森林覆盖率达到 21.66%，森林蓄积量达到 151.4 亿 m^3，成为同期全球森林资源增长最多的国家。草原综合植被盖度达到 54%。建立各级森林公园、湿地公园、沙漠公园 4300 多个，"地变绿"成为抬头可见的现实。

（3）生态文明"四梁八柱"制度逐步筑牢。党中央、国务院印发了《关于加快推进生态文明建设的意见》《生态文明体制改革总体方案》，成为生态文明建设的基本遵循。法规不断完善。环境保护法、大气污染防治法、放射性废物安全管理条例、环境空气质量标准等完成制修订，新环境保护法增加按日连续计罚等规定，"长出了牙齿"。生态保护红线战略开始实施，对重要生态空间进行严格保护。生态文明建设目标评价考核办法颁布；河长制、湖长制以及"湾长制"相继推出，为每一条河、每一个湖、每一个海湾明确生态"管家"。生态环境损害责任追究办法出台，以破解生态环境的"公地悲剧"。不断提高生态环境管理系统化、科学化、法治化、精细化、信息化水平，全社会法治观念和意识不断加强。

（4）开展中央环境保护督察。行政手段覆盖了督企、督政；督企强化了督查巡查，督政包括环保督察、专项督察，以及约谈、限批、通报、挂牌督办等；执法活动应用了遥感、在线监控、大数据等技术手段。在督察进驻期间，共问责各级党政领导干部 1.8 万多人，解决群众关心的环境问题 8 万多个。2017 年 7 月，中共中央办公厅、国务院办公厅就甘肃祁连山国家级自然保护区生态环境问题发出通报；对甘肃约百名党政领导干部进行问责，包括 3 名副省级干部、20 多名厅局级干部。以儆效尤，不仅彰显了党中央保护生态环境的坚定意志，也使地方党政干部真正意识到生态环境保护的分量。推进治理体系和治理能力现代化，全党全国贯彻绿色发展理念的自觉性和主动性显著增强，忽视生态环境保护的状况明显改变。

总体上看，我国生态环境质量出现了稳中向好趋势，但成效并不稳固，多阶段、多领域、多类型生态环境问题交织，与人民群众新期待差距较大；加强生态环境综合治理，补齐生态环境短板，到了有条件、有能力实现也必须实现的窗口期。我们还有不少难关要过，还有不少硬骨头要啃，还有不少顽瘴痼疾要治。如果我们现在不抓紧治理，将来难度更高、代价更大、后果也更严重。

决胜全面建成小康社会，必须坚决打好污染防治攻坚战。我们必须以习近平新时代中国特色社会主义思想为指导，自觉把经济社会发展同生态文明建设统筹起来，发挥党的领导和社会主义制度能够集中力量办大事的优势，充分利用改革开放40年来积累的坚实物质基础，加大力度推进生态文明建设、解决生态环境问题，把解决突出生态环境问题作为民生优先领域，必须坚定不移地走生态优先、绿色发展新道路，打好污染防治攻坚战，还给老百姓清水绿岸、鱼翔浅底的景象，回应广大人民群众所想、所盼、所急，推动我国生态文明建设和生态环境保护迈上新台阶，开创美丽中国建设新局面。

1.2.3 生态环境保护管理需要制度保障

污染防治攻坚战号角已经吹响。绿色发展，是构建高质量现代化经济体系的必然要求，是解决环境污染问题的根本之策。应优化国土空间开发布局，实施创新驱动战略，运用互联网、大数据、人工智能等技术，促进传统产业智能化、清洁化改造，从源头上防治环境污染，打赢蓝天碧水宁静地绿保卫战，确保生态环境质量得到明显改善。

（1）进一步推进供给侧结构性改革，从设计、原料、生产、采购、物流、回收利用等全流程强化产品全生命周期绿色管理。支持企业进行绿色设计，开发绿色产品，推动包装减量化、无害化和材料的回收利用；培育壮大新产业、新业态、新模式，形成新动能。建设绿色工厂，促进工业园区健康发展；开展绿色评价和绿色制造工艺推广应用，开展绿色供应链管理，增强绿色产品生产供给能力；整合环保、节能、节水、循环、低碳、再生、有机等产品认证，形成统一的绿色产品标准、认证、标识体系，减轻企业负担。加快有机食品基地建设和产业发展，增加有机产品供给，保证食品安全。提高煤炭等传统能源清洁化利用水平，发展清洁能源，降低二氧化碳等温室气体排放。

（2）加大环境治理投入。建立常态化、稳定的财政资金投入机制，形成多元投入格局。公共财政投入要向重点攻坚领域和重点地区倾斜，提高资金利用效率。发挥市场配置污染治理资源，采取多种方式支持政府和社会资本合作项目，有效聚集社会资本，带动节能环保产业的快速发展。加强排污权交易平台建设，落实排污权有偿使用制度，推进排污权有偿使用和交易试点；鼓励新建项目污染物排放指标通过交易方式取得，且不得增加当地污染物排放总量，实现污染物排放总量和强度的双下降。大力培育节能环保产业、清洁生产产业、清洁能源产业，推进资源节约和循环利用，推动低碳循环、治污减排、监测监控等核心环保技术工艺、成套产品、装备设备、材料药剂研发与产业化，形成一批具有竞争力的主导技术和产品，推进形成第三方监测、污染第三方治理等新业态。

（3）严格环境执法监督。完善环境执法和检查监督机制，推进联合执法、区域执法、交叉执法，强化执法监督和责任追究。推动地方落实生态环保主体责任，开展生态环境保护督察，重点检查环境质量呈现恶化趋势的区域流域及整治情况，重点督察地方党委政府及有关部门环保不作为、乱作为，以及落实生态环境保护党政同责、一岗双责、严格责任追究等情况，并推动环境执法力量向基层延伸，把该管的地方生态环境质量改善任务管好。

（4）提高全社会环境保护意识。把环境保护和生态文明建设作为践行社会主义核心价值观的重要内容，加大宣传教育力度，提升全社会生态环境保护和可持续发展意识；倡导绿色低碳的生活方式，引导公众践行绿色简约生活和低碳休闲模式，反对奢侈式消费、浪费和不合理消费。小学、中学、高等学校、职业学校、培训机构等，要将生态文明、可持续发展教育纳入教学内容。引导新闻媒体，特别是新媒体，"12369"环保热线和环保微信举报平台，加强舆论监督，让公众生态环境保护的知情权、举报权、收益权等落到实处。

坚决打好污染防治攻坚战，要增强党政领导的政治责任感和历史使命感，贯彻落实党中央国务院关于打赢污染攻坚战精神，确保做实事、求实效。坚持一切从实际出发，标本兼治、突出治本、攻坚克难、防止急功近利、做表面文章，确保攻坚战各项目标和任务的顺利完成。打好打赢污染防治攻坚战时间紧、任务重、难度大，是一场大仗、硬仗、苦仗，必须加强党的领导。我们必须以壮士断腕的决心、背水一战的勇气、攻城拔寨的拼劲，坚决打好打赢这场污染防治攻坚战。只有这样，才能不负人民，无愧历史。只要我们人人都能守土有责、咬定目标不放松，一代接着一代干，生态文明新时代一定能早日到来，美丽中国也一定能如期建成。

本章小结

生态文明建设是关系中华民族永续发展的根本大计。2018年实施大部制改革，为全面推进生态文明建设奠定了体制基础。在新时代的新阶段，中国特色的社会主义道路会越来越清晰，中国国内的发展环境会更加优化，社会主义行政监管和市场经济体制优势会越来越明显，与之相适应，生态文明制度体系会越来越健全，生态文明建设的理论、道路、方法和文化将进一步明确。在全局性、战略性的行动纲领指引下，一些改革措施将被巩固夯实，一些改革措施将被不断创新，一些改革措施将以点带面推广，一些制度的实施将获得新的成效。在此背景下，坚定不移走生态优先、绿色发展新道路，坚持统筹兼顾，协同推动经济高质量发展和生态环境高水平保护，协同发挥政府主导和企业主体作用，协同打好污染防治攻坚战和生态文明建设持久战。在这种格局下，生态文明建设将以新的历史使命、新的奋斗目标、新的精神状态、新的动能催生和不断夯实的能力建设，通过社会主义制度集中力量办大事的优势，一步一步扎实地走下去。

第 2 章　电网建设生态环境保护工作原则

2.1　电网建设生态环境保护面临的新形势

党的十八大以来，中央十分重视生态环境保护工作。党的十八大把生态文明建设纳入中国特色社会主义事业总体布局，使生态文明建设的战略地位更加明确。党的十九大报告提到的"加快生态文明体制改革，建设美丽中国"，作为党和国家的生态文明建设重要战略思想。2018 年，宪法修正案将新发展理念、生态文明建设和建设美丽中国的要求写入宪法。十九届四中全会将生态文明制度建设作为中国特色社会主义制度建设的重要内容和不可分割的有机组成部分，从实行最严格的生态环境保护制度、全面建立资源高效利用制度、健全生态保护和修复制度、严明生态环境保护责任制度四个方面提出明确要求。

2.1.1　政府推进生态环境保护督察

2018 年 3 月，中华人民共和国环境保护部更名为中华人民共和国生态环境部并挂牌成立，国家的生态环境保护政策正处于深度调整期，建设项目环境影响评价和竣工环保验收要求日趋严格，建设单位的生态环境保护主体责任进一步明确，生态环境主管部门全面强化事中事后监管、进一步加大违法处罚和责任追究力度将成为生态环境监管新常态。

中央生态环境督察、生态审计已覆盖中央企业。2019 年 6 月中共中央办公厅、国务院办公厅印发《中央生态环境保护督察工作规定》，进一步规范生态环境保护督察工作，压实生态环境保护责任，并将有关中央企业纳入例行督察范围。在 2019 年 7 ～ 8 月开展的第二轮第一批次中央生态环境保护督察工作中，也首次将中央企业中化集团和五矿集团纳入督察范围。审计署在对中央企业开展的各项审计工作中均将环境保护工作列为重要内容，中央企业也明确将落实生态环境要求纳入企业负责人离任审计的工作重点。

建设项目竣工环境保护和水土保持设施验收改由企业自主验收，验收责任全面转移。自然资源、水利、生态环境等政府主管部门"简审批、强监管、严追责"模式全面形成，逐渐开展的"天空地"一体化手段，充分利用卫星遥感、无人机航拍、现场检查等技术手段，对国土利用、水土保持、生态环境保护进行实时监管，技术手段强、核查频次高、惩处力度大使得监管更加及时有效。2020年3月国务院印发的《生态环境保护综合行政执法事项目录清单》中与电网建设运营相关的就达43条。

2.1.2　生态环境政策重大调整

2015年1月1日，随着新修订的《中华人民共和国环境保护法》实施，随之而来的一系列环境保护法律法规也逐步配套修订。

其中，新修订《中华人民共和国环境影响评价法》《中华人民共和国环境噪声污染防治法》《中华人民共和国水污染防治法》《中华人民共和国固体废物污染环境防治法》和《建设项目环境保护管理条例》相继实施；同时，新颁布的《中华人民共和国环境保护税法》于2018年1月1日实施。

1.《中华人民共和国环境保护法》

《中华人民共和国环境保护法》于2014年4月24日修订，自2015年1月1日施行，被称为史上最严格的环境保护法。新修订的《中华人民共和国环境保护法》要点释义见表2-1。

表2-1　　新修订的《中华人民共和国环境保护法》要点释义

序号	修订后	释义
1	第十九条　未依法进行环境影响评价的建设项目，不得开工建设	未批先建项目不再适用限期补办手续的处理途径
2	第二十九条　国家在重点生态功能区、生态环境敏感区和脆弱区等区域划定生态保护红线，实行严格保护 第三十一条　国家建立、健全生态保护补偿制度	十八大以来，党中央、国务院高度重视生态环境保护，要求划定并严守生态保护红线，从而实现一条红线管控重要生态空间，因此在修订后将生态保护红线和补偿制度纳入"保护和改善环境"内容

续表

序号	修订后	释义
3	第四十七条　企业事业单位应当按照国家有关规定制定突发环境事件应急预案，报环境保护主管部门和有关部门备案	修订后规定了突发环境事件应急机制
4	第六十一条　建设单位未依法提交建设项目环境影响评价文件或者环境影响评价文件未经批准，擅自开工建设的，由负有环境保护监督管理职责的部门责令停止建设，处以罚款，并可以责令恢复原状	对未批先建项目管控要求从严

2.《中华人民共和国环境影响评价法》

《中华人民共和国环境影响评价法》于 2016 年 7 月 2 日第一次修订，2018 年 12 月 29 日第二次修订。《中华人民共和国环境影响评价法》两次修订的要点释义见表 2-2 及表 2-3。

表 2-2　《中华人民共和国环境影响评价法》第一次修订要点释义

序号	第一次修订后	释义
1	第二十五条　建设项目的环境影响评价文件未依法经审批部门审查或者审查后未予批准的，建设单位不得开工建设	配套《中华人民共和国环境保护法》第十九条的修订进行相对应的调整
2	第三十一条　建设单位未依法报批建设项目环境影响报告书、报告表，或者未依照本法第二十四条的规定重新报批或者报请重新审核环境影响报告书、报告表，擅自开工建设的，由县级以上环境保护行政主管部门责令停止建设，根据违法情节和危害后果，处建设项目总投资额百分之一以上百分之五以下的罚款，并可以责令恢复原状；对建设单位直接负责的主管人员和其他直接责任人员，依法给予行政处分。 建设项目环境影响报告书、报告表未经批准或者未经原审批部门重新审核同意，建设单位擅自开工建设的，依照前款的规定处罚、处分	修订前为"逾期不补办手续的，处五万元以上二十万元以下的罚款"；修订后加大处罚力度，按日计罚无上限，并可追究刑事责任

表 2-3 《中华人民共和国环境影响评价法》第二次修订要点释义

序号	第二次修订后	释义
1	第十九条 建设单位可以委托技术单位对其建设项目开展环境影响评价，编制建设项目环境影响报告书、环境影响报告表；建设单位具备环境影响评价技术能力的，可以自行对其建设项目开展环境影响评价，编制建设项目环境影响报告书、环境影响报告表	取消编制建设项目环境影响评价文件应由具有相应环境影响评价资质的技术服务机构进行的要求
2	第二十八条 对属于建设项目环境影响报告书、环境影响报告表存在基础资料明显不实，内容存在重大缺陷、遗漏或者虚假，环境影响评价结论不正确或者不合理等严重质量问题的，依照本法第三十二条的规定追究建设单位及其相关责任人员和接受委托编制建设项目环境影响报告书、环境影响报告表的技术单位及其相关人员的法律责任	由只追究技术服务机构的法律责任，增加追究建设单位及其相关责任人员和技术单位及其相关人员的法律责任
3	第三十二条 建设项目环境影响报告书、环境影响报告表存在基础资料明显不实，内容存在重大缺陷、遗漏或者虚假，环境影响评价结论不正确或者不合理等严重质量问题的，由设区的市级以上人民政府生态环境主管部门对建设单位处五十万元以上二百万元以下的罚款，并对建设单位的法定代表人、主要负责人、直接负责的主管人员和其他直接责任人员，处五万元以上二十万元以下的罚款	增加因对建设项目环境影响评价文件把关不严造成严重质量问题，对建设单位的法定代表人、主要负责人、直接负责的主管人员和其他直接责任人员的处罚内容

3.《中华人民共和国环境噪声污染防治法》

《中华人民共和国环境噪声污染防治法》于 2018 年 12 月 29 日进行修订。《中华人民共和国环境噪声污染防治法》修订要点释义见表 2-4。

表 2-4 《中华人民共和国环境噪声污染防治法》修订要点释义

序号	修订后	释义
1	第十四条 建设项目的环境噪声污染防治设施必须与主体工程同时设计、同时施工、同时投产使用。 建设项目在投入生产或者使用之前，其环境噪声污染防治设施必须按照国家规定的标准和程序进行验收；达不到国家规定要求的，该建设项目不得投入生产或者使用	将环境保护设施竣工环保验收改为企业自主验收，充分突出企业主体责任

续表

序号	修订后	释义
2	第四十八条　违反本法第十四条的规定，建设项目中需要配套建设的环境噪声污染防治设施没有建成或者没有达到国家规定的要求，擅自投入生产或者使用的，由县级以上生态环境主管部门责令限期改正，并对单位和个人处以罚款；造成重大环境污染或者生态破坏的，责令停止生产或者使用，或者报经有批准权的人民政府批准，责令关闭	明确监管单位，提高监管效率

4.《中华人民共和国固体废物污染环境防治法》

《中华人民共和国固体废物污染环境防治法》于 2004 年 12 月 29 日第一次修订，2020 年 4 月 29 日第二次修订，2020 年 9 月 1 日施行。《中华人民共和国固体废物污染环境防治法》第二次修订要点释义见表 2-5。

表 2-5　《中华人民共和国固体废物污染环境防治法》第二次修订要点释义

序号	修订后	释义
1	第一条　为了保护和改善生态环境，防治固体废物污染环境，保障公众健康，维护生态安全，推进生态文明建设，促进经济社会可持续发展，制定本法	明确纳入生态环境保护范畴
2	第三条　国家推行绿色发展方式，促进清洁生产和循环经济发展。 国家倡导简约适度、绿色低碳的生活方式，引导公众积极参与固体废物污染环境防治	
3	第四条　固体废物污染环境防治坚持减量化、资源化和无害化的原则。 任何单位和个人都应当采取措施，减少固体废物的产生量，促进固体废物的综合利用，降低固体废物的危害性	确立减量化、资源化和无害化原则
4	第九条　国务院生态环境主管部门对全国固体废物污染环境防治工作实施统一监督管理。国务院发展改革、工业和信息化、自然资源、住房城乡建设、交通运输、农业农村、商务、卫生健康、海关等主管部门在各自职责范围内负责固体废物污染环境防治的监督管理工作。	强化多部门监督管理责任

序号	修订后	释义
4	地方人民政府生态环境主管部门对本行政区域固体废物污染环境防治工作实施统一监督管理。地方人民政府发展改革、工业和信息化、自然资源、住房城乡建设、交通运输、农业农村、商务、卫生健康等主管部门在各自职责范围内负责固体废物污染环境防治的监督管理工作	强化多部门监督管理责任
5	第十四条 国务院生态环境主管部门应当会同国务院有关部门根据国家环境质量标准和国家经济、技术条件，制定固体废物鉴别标准、鉴别程序和国家固体废物污染环境防治技术标准	
6	第十八条 建设单位应当依照有关法律法规的规定，对配套建设的固体废物污染环境防治设施进行验收，编制验收报告，并向社会公开	将环境保护设施竣工环保验收改为企业自主验收，充分突出企业主体责任
7	第二十八条 生态环境主管部门应当会同有关部门建立产生、收集、贮存、运输、利用、处置固体废物的单位和其他生产经营者信用记录制度，将相关信用记录纳入全国信用信息共享平台	实行全链条多主体信用管理

5. 建设项目环境保护管理条例

《建设项目环境保护管理条例》于 2017 年 6 月 21 日修订，自 2017 年 10 月 1 日施行。《建设项目环境保护管理条例》修订要点释义见表 2-6。

表 2-6　　《建设项目环境保护管理条例》修订要点释义

序号	修订后	释义
1	第九条 建设项目的环境影响评价文件未依法经审批部门审查或者审查后未予批准的，建设单位不得开工建设	配套《中华人民共和国环境保护法》的修订进行相对应的调整，将修订前的第九条、第十条合并

续表

序号	修订后	释义
2	第十六条 建设项目的初步设计,应当按照环境保护设计规范的要求,编制环境保护篇章,落实防治环境污染和生态破坏的措施以及环境保护设施投资概算建设单位应当将环境保护设施建设纳入施工合同,保证环境保护设施建设进度和资金,并在项目建设过程中同时组织实施环境影响报告书、环境影响报告表及其审批部门审批决定中提出的环境保护对策措施 第十七条 编制环境影响报告书、环境影响报告表的建设项目竣工后,建设单位应当按照国务院环境保护行政主管部门规定的标准和程序,对配套建设的环境保护设施进行验收,编制验收报告 第十九条 编制环境影响报告书、环境影响报告表的建设项目,其配套建设的环境保护设施经验收合格,方可投入生产或者使用;未经验收或者验收不合格的,不得投入生产或者使用。前款规定的建设项目投入生产或者使用后,应当按照国务院环境保护行政主管部门的规定开展环境影响后评价	强化事中事后监管,进一步明确建设单位在设计、施工阶段的环保责任,将环境保护设施竣工环保验收改为企业自主验收,充分突出企业主体责任

2.2 生态环境保护的法律法规体系

2.2.1 法律法规体系

我国的生态环境保护工作起步于 20 世纪 70 年代,目前已建立了一整套较为完善的由国家法律、国务院行政法规、政府部门规章、地方性法规、环境标准、环境保护国际条约等组成的生态环境保护法律法规体系。

2.2.1.1 法律

1.宪法

我国生态环境保护法律法规体系以《中华人民共和国宪法》中对生态环境

保护的规定为基础和依据，《中华人民共和国宪法》（2018 年修正）序言中明确"推动物质文明、政治文明、精神文明、社会文明和生态文明协调发展"。

《中华人民共和国宪法》中有四条规定是环境保护立法的依据和指导原则，摘录如下：

第九条　矿藏、水流、森林、山岭、草原、荒地、滩涂等自然资源，都属于国家所有，即全民所有；由法律规定属于集体所有的森林和山岭、草原、荒地、滩涂除外。

国家保障自然资源的合理利用，保护珍贵的动物和植物。禁止任何组织或者个人用任何手段侵占或者破坏自然资源。

第十条　城市的土地属于国家所有。

农村和城市郊区的土地，除由法律规定属于国家所有的以外，属于集体所有；宅基地和自留地、自留山，也属于集体所有。

任何组织或者个人不得侵占、买卖、出租或者以其他形式非法转让土地。一切使用土地的组织和个人必须合理地利用土地。

第二十二条　国家发展为人民服务、为社会主义服务的文学艺术事业、新闻广播电视事业、出版发行事业、图书馆博物馆文化馆和其他文化事业，开展群众性的文化活动。

国家保护名胜古迹、珍贵文物和其他重要历史文化遗产。

第二十六条　国家保护和改善生活环境和生态环境，防治污染和其他公害。国家组织和鼓励植树造林，保护林木。

2. 生态环境保护法律

（1）生态环境保护综合法。我国的环境保护综合法为《中华人民共和国环境保护法》，该法最早为 1979 年 9 月 13 日经第五届全国人民代表大会常务委员会第十一次会议通过并颁布实施的《中华人民共和国环境保护法（试行）》，现行有效的《中华人民共和国环境保护法》于 1989 年 12 月 26 日第七届全国人民代表大会常务委员会第十一次会议通过，2014 年 4 月 24 日第十二届全国人民代表大会常务委员会第八次会议修订，自 2015 年 1 月 1 日起施行，是我国环境保护法律体系中综合性的实体法，是为保护和改善生活环境与生态环境，防治污染和其他公害，保障人体健康，促进社会主义现代化建设的发展而制定的。对于环境保护方面的重大问题加以全面综合调整，对环境保护的目的、范围、方针政策、基本原则、重要措施、管理制定、组织机构、法律责任等做出了原则规定。

（2）生态环境保护单行法。目前我国已颁布实施的生态环境保护单行法主要为以下法律：

1）污染防治法。《中华人民共和国水污染防治法》《中华人民共和国大气污染防治法》《中华人民共和国土壤污染防治法》《中华人民共和国固体废物污染环境防治法》《中华人民共和国环境噪声污染防治法》等。

2）生态保护法。《中华人民共和国水土保持法》《中华人民共和国野生动物保护法》《中华人民共和国防沙治沙法》等。

3）《中华人民共和国海洋环境保护法》。

4）《中华人民共和国环境影响评价法》。

（3）生态环境保护相关法。生态环境保护相关法是指一些自然资源保护和其他有关专门法律，例如《中华人民共和国森林法》《中华人民共和国草原法》《中华人民共和国渔业法》《中华人民共和国矿产资源法》《中华人民共和国水法》《中华人民共和国清洁生产促进法》等都有涉及生态环境保护的有关要求，也是生态环境保护法律法规体系的一部分。

2.2.1.2　生态环境保护行政法规

生态环境保护行政法规是由国务院制定并以国务院令公布的生态环境保护规范性文件，例如《建设项目环境保护管理条例》和《规划环境影响评价条例》等。

2.2.1.3　政府部门规章

政府部门规章是指国务院生态环境主管部门单独发布或与国务院有关部门联合发布的生态环境保护规范性文件，以及政府其他有关行政主管部门依法制定的生态环境保护规范性文件，政府部门规章是以生态环境保护法律和行政法规为依据而制定的，或者是针对某些尚未有相应法律和行政法规调整的领域做出相应的规定。主要形式是命令、指示、规章等，例如《建设项目竣工环境保护验收管理办法》等。

2.2.1.4　生态环境保护地方性法规和地方性规章

生态环境保护地方性法规和地方性规章是指享有立法权的地方权力机关和地方政府机关依据《中华人民共和国宪法》和相关法律制定的环境保护规范性文件。这些规范性文件是依据本地实际情况和特定环境问题而制定的，并在本地区内实施，有较强的可操作性，但其效力不能及于全国。地方性法规和地方性规章不能与国家法律和国务院部门规章相抵触。

2.2.1.5　环境标准

环境标准是生态环境保护法律法规体系的一个组成部分，是环境执法和环境管理工作的技术依据，是政策法规的具体体现。

环境标准是为了保护人群健康、防治环境污染、促使生态良性循环，同时又合理利用资源，促进经济发展，依据《中华人民共和国环境保护法》和有关政策，对环境中的有害成分含量及其排放源规定的限量阈值和技术规范。

我国的环境标准分为国家环境标准、地方环境标准和生态环境部标准。

2.2.1.6　生态环境保护国际公约

生态环境保护国际公约是指我国缔结和参加的生态环境保护国际公约、条约和议定书。目前我国缔结和参加的有《世界文化和自然遗产保护公约》《联合国气候变化框架公约》《生物多样性公约》《防止因倾弃废物及其它物质而引起海洋污染的公约》《保护臭氧层维也纳公约》等数十种。

2.2.2　法律法规体系层次之间的关系

《中华人民共和国宪法》是生态环境保护法律法规体系建立的依据和基础，法律层次不管是生态环境保护的综合法、单行法还是相关法，其中对生态环境保护的要求，法律效力都是一样的。如果法律规定中有不一致的地方，应遵循后法大于先法的原则。

国务院环境保护行政法规的法律地位仅次于法律。政府部门规章、地方性法规和地方性规章均不得违背国家法律和国务院环境保护行政法规的规定。地方性法规和地方性规章仅在制定法规、规章的辖区内有效。

我国的生态环境保护法律法规若与参加和签署的国际公约有不同规定，应优先适用国际公约的规定，我国声明保留的条款除外。

我国生态环境保护法律法规体系框架见图 2-1。

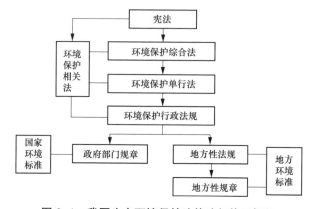

图 2-1　我国生态环境保护法律法规体系框架

2.3 程序合法

电网建设生态环境保护管理工作要做到程序合法，需先对电网建设的主要工作进行梳理，结合相关法律法规及相关规章的要求进行比对，从而避免出现违法违规的行为。

2.3.1 电网建设生态环境保护管理的主要工作

电网建设生态环境保护管理的主要工作有：

（1）建设单位应在建设项目可行性研究阶段贯彻落实国家生态环境保护相关政策，在可行性研究报告中编制环境保护篇章，落实生态环境保护投资估算。

（2）建设单位应依法履行建设项目环境影响报告书、报告表（简称环评文件）编报审批程序，委托有能力的机构编制建设项目环评文件并组织内审，按要求开展信息公开、公众参与等工作，报送有审批权的生态环境主管部门审批通过。

（3）建设项目的环评文件经批准后，建设项目的性质、规模、地点、采用的生产工艺或者防治污染、防止生态破坏的措施发生重大变动的，建设单位应当重新报批重大变动部分的环评文件。建设项目的环评文件自批准之日起超过五年，方决定该项目开工建设的，其环评文件应当报原审批部门重新审核。

（4）建设单位在建设项目的设计、施工阶段应严格执行生态环境保护"三同时"制度，设计文件中应编制环境保护篇章，落实环评文件及其批复文件的要求和相关投资概算。

（5）编制环评文件的建设项目竣工后，建设单位应按照生态环境主管部门规定的标准和程序，组织开展竣工环境保护验收，并按要求做好信息公开；经验收合格的，建设项目方可投入正式运行。

2.3.2 电网建设存在的法律风险

电网建设中的输变电工程不属于排污型生产项目，因此电网建设面临的主要生态环境保护违法风险主要集中在环保手续齐全、合法方面，一般主要为未批先建、重大变动未履行相关手续、未验先投等。

1. 选址、布局违规

依据《建设项目环境保护管理条例》第十一条的规定，建设项目类型及其选址、布局、规模等不符合环境保护法律法规和相关法定规划的，生态环境保护行政主管部门应当对环评文件作出不予批准的决定。

法律风险：依据《建设项目环境保护管理条例》第九条的规定，依法应当编制环境影响报告书、环境影响报告表的建设项目，建设单位应当在开工建设前将环境影响报告书、环境影响报告表报有审批权的环境保护行政主管部门审批；建设项目的环境影响评价文件未依法经审批部门审查或者审查后未予批准的，建设单位不得开工建设。

2.未批先建

未批先建是指建设项目未依法报批或者未重新报批环境影响报告书、报告表，擅自开工建设的情形。依据《中华人民共和国环境影响评价法》第二十五条的规定，建设项目的环境影响评价文件未依法经审批部门审查或者审查后未予批准的，建设单位不得开工建设。

法律风险：依据《中华人民共和国环境影响评价法》第三十一条的规定，建设单位未依法报批建设项目环境影响报告书、报告表，或者未依照本法第二十四条的规定重新报批或者报请重新审核环境影响报告书、报告表，擅自开工建设的，由县级以上生态环境主管部门责令停止建设，根据违法情节和危害后果，处建设项目总投资额百分之一以上百分之五以下的罚款，并可以责令恢复原状；对建设单位直接负责的主管人员和其他直接责任人员，依法给予行政处分。

建设项目环境影响报告书、报告表未经批准或者未经原审批部门重新审核同意，建设单位擅自开工建设的，依照前款的规定处罚、处分。

建设单位未依法备案建设项目环境影响登记表的，由县级以上生态环境主管部门责令备案，处五万元以下的罚款。

【例2-1】2019年11月26日，厦门市生态环境局现场检查时发现某企业建设项目为报告表类建设项目，存在未依法报批建设项目环境影响报告书、报告表，擅自开工建设的环境违法行为，违反了《中华人民共和国环境影响评价法》第二十二条的规定。

依据《中华人民共和国环境影响评价法》第三十一条第一款的规定，建设单位未依法报批建设项目环境影响报告书、报告表，擅自开工建设的，由县级以上生态环境行政主管部门责令停止建设，根据违法情节和危害后果，处建设项目总投资额百分之一以上百分之五以下的罚款。厦门市生态环境局决定对该企业做出行政处罚，处罚款人民币壹万贰仟贰佰贰拾伍元整。

【例2-2】2018年9月13日，某公司从事PET膜丝网印刷，2015年11月主体已在现址建成并投产，2018年8月在现址新增一台高精度停回转全自动丝网印刷机并已投入生产，新增生产项目总投资额38.8万元。该公司建设项目属报告表类项目，未报批建设项目环境影响评价文件，存在未依法报批建设项目环评文件，擅自开工建设的环境违法行为。违反了《中华人民共和国环境影响评价法》第二十二条的规定。根据《中华人民共和国环境影响评价法》第三十一条的规定，厦门市生态环境局决定对该企业做出行政处罚，处罚款人民币壹万玖仟肆佰元整。

3. 环评文件自批准之日起超过五年方决定开工建设

依据《中华人民共和国环境影响评价法》第二十四条的规定，建设项目的环境影响评价文件自批准之日起超过五年，方决定该项目开工建设的，其环境影响评价文件应当报原审批部门重新审核。

法律风险：依据《中华人民共和国环境影响评价法》第三十一条的规定，建设单位未依法报批建设项目环境影响报告书、报告表，或者未依照本法第二十四条的规定重新报批或者报请重新审核环境影响报告书、报告表，擅自开工建设的，由县级以上生态环境主管部门责令停止建设，根据违法情节和危害后果，处建设项目总投资额百分之一以上百分之五以下的罚款，并可以责令恢复原状；对建设单位直接负责的主管人员和其他直接责任人员，依法给予行政处分。

4. 设计文件未落实生态环境保护措施

依据《建设项目环境保护管理条例》第十六条的规定，建设项目的初步设计，应当按照环境保护设计规范的要求，编制环境保护篇章，落实防治环境污染和防止生态破坏的措施以及环境保护设施投资概算。

法律风险：依据《建设项目环境保护管理条例》第二十二条的规定，建设单位编制建设项目初步设计未落实防治环境污染和防止生态破坏的措施以及环境保护设施投资概算的，由建设项目所在地县级以上环境保护行政主管部门责令限期改正，处5万元以上20万元以下的罚款，逾期不改正的，处20万元以上100万元以下的罚款。

5. 项目建设未落实环评及批复文件要求

依据《建设项目环境保护管理条例》第十五条的规定，建设单位应当将环境保护设施建设纳入施工合同，保证环境保护设施建设进度和资金，并在项目建设过程中同时组织实施环境影响报告书、环境影响报告表及其审批部门审批决定中提出的环境保护对策措施。

法律风险：依据《建设项目环境保护管理条例》第二十二条的规定，项目建设过程中未同时组织实施环境影响报告书、环境影响报告表及其审批部门审批决定中提出的环境保护对策措施的，由建设项目所在地县级以上环境保护行政主管部门责令限期改正，处 20 万元以上 100 万元以下的罚款；逾期不改正的，责令停止建设。

6. 未按要求履行环评重新报批手续

法律风险：依据《中华人民共和国环境影响评价法》第二十四条的规定，建设项目的环境影响评价文件经批准后，建设项目的性质、规模、地点、采用的生产工艺或者防治污染、防止生态破坏的措施发生重大变动的，建设单位应当重新报批建设项目的环境影响评价文件。第三十一条规定，建设单位未依照本法第二十四条的规定重新报批或者报请重新审核环境影响报告书、报告表，擅自开工建设的，由生态环境主管部门责令停止建设，根据违法情节和危害后果，处项目总投资额百分之一以上百分之五以下的罚款，并可以责令恢复原状；对建设单位直接负责的主管人员和其他直接责任人员，依法给予行政处分。

【例 2-3】某公司建设项目的生产工艺发生重大变动（新增一条碎石生产线），未重新报批建设项目的环境影响评价文件。依据《中华人民共和国环境影响评价法》第三十一条"建设单位未依法报批建设项目环境影响报告书、报告表，或者未依照本法第二十四条的规定重新报批或者报请重新审核环境影响报告书、报告表，擅自开工建设的，由县级以上生态环境主管部门责令停止建设，根据违法情节和危害后果，处建设项目总投资额百分之一以上百分之五以下的罚款，并可以责令恢复原状；对建设单位直接负责的主管人员和其他直接责任人员，依法给予行政处分"的规定，平潭综合实验区自然资源与生态环境局责令该公司的工程项目混凝土搅拌站立即停止建设，处罚款人民币肆万零贰佰叁拾元整。

7. 未依法向社会公开环境保护设施验收报告

依据《建设项目环境保护管理条例》第十七条的规定，除按照国家规定需要保密的情形外，建设单位应当依法向社会公开验收报告。

法律风险：依据《建设项目环境保护管理条例》第二十三条的规定，建设单位未依法向社会公开环境保护设施验收报告的，由县级以上环境保护行政主管部门责令公开，处 5 万元以上 20 万元以下的罚款，并予以公告。

8. 未验先投

未验先投是指建设项目环境保护设施未建成、未经验收或者验收不合格，建设项目即投入生产或者使用。

法律风险：依据《建设项目环境保护管理条例》第二十三条的规定，需要配套建设的环境保护设施未建成、未经验收或者验收不合格，建设项目即投入生产或者使用，或者在环境保护设施验收中弄虚作假的，由县级以上环境保护行政主管部门责令限期改正，处 20 万元以上 100 万元以下的罚款；逾期不改正的，处 100 万元以上 200 万元以下的罚款；对直接负责的主管人员和其他责任人员，处 5 万元以上 20 万元以下的罚款；造成重大环境污染或者生态破坏的，责令停止生产或者使用，或者报经有批准权的人民政府批准，责令关闭。

【例 2-4】某医院 DSA 项目配套建设的环境保护设施未经验收，擅自投入生产或者使用。上述行为违反了《建设项目环境保护管理条例》第十九条"编制环境影响报告书、环境影响报告表的建设项目，其配套建设的环境保护设施经验收合格，方可投入生产或者使用；未经验收或者验收不合格的，不得投入生产或者使用"的规定。根据《建设项目环境保护管理条例》第二十三条"需要配套建设的环境保护设施未建成、未经验收或者验收不合格，建设项目即投入生产或者使用，或者在环境保护设施验收中弄虚作假的，由县级以上环境保护行政主管部门责令限期改正，处 20 万元以上 100 万元以下的罚款；逾期不改正的，处 100 万元以上 200 万元以下的罚款；对直接负责的主管人员和其他责任人员，处 5 万元以上 20 万元以下的罚款；造成重大环境污染或者生态破坏的，责令停止生产或者使用，或者报经有批准权的人民政府批准，责令关闭"的规定，漳州市生态环境局对该医院作出如下行政处罚：对配套建设的环境保护设施未经验收，擅自投入生产或者使用的环境违法行为处人民币贰拾万元罚款。对直接负责的主管人员作出如下行政处罚：处人民币伍万元罚款。实施单位及直接负责的主管人员双处罚措施。

【例 2-5】某卫星监测二期工程未经竣工环境保护验收即投入运行，生态环境部责令该单位于 2019 年 12 月 31 日前改正违法行为，并处贰拾万元罚款。

9. 超期验收

依据《建设项目竣工环境保护验收暂行办法》第十二条的规定，除需要取得排污许可证的水和大气污染防治设施外，其他环境保护设施的验收期限一般不超过 3 个月；需要对该类环境保护设施进行调试或者整改的，验收期限可以适当延期，但最长不超过 12 个月。

法律风险：依据《建设项目环境保护管理条例》第二十三条的规定，需要配套建设的环境保护设施未建成、未经验收或者验收不合格，建设项目即投入生产或者使用，或者在环境保护设施验收中弄虚作假的，由县级以上环境保护行政主管部门责令限期改正，处 20 万元以上 100 万元以下的罚款；逾期不改正的，处 100 万元以上 200 万元以下的罚款；对直接负责的主管人员和其他责任人员，处 5 万元以上 20 万元以下的罚款；造成重大环境污染或者生态破坏的，责令停止生产或者使用，或者报经有批准权的人民政府批准，责令关闭。

2.3.3　电网建设合规性要求

1. 可行性研究报告中环境保护篇章的编制及审查

电网建设项目可行性研究报告中环境保护篇章的编制及审查需符合以下要求：

（1）选址选线尽可能避让自然保护区、世界文化和自然遗产地、风景名胜区、饮用水水源保护区、生态保护红线等生态敏感区及相关法定保护区的线性项目，确实无法避让的，应采取无害化穿（跨）越方式，或依法依规向有关行政主管部门履行穿越法定保护区的行政许可手续、强化减缓和补偿措施。

（2）可行性研究报告中编制环境保护篇章，落实环保措施及设施投资。

（3）督促可行性研究单位完善可行性研究报告内容及协议。

（4）组织环评单位提出环保审核意见。

2. 环评文件的编制和报批

电网建设项目环评文件的编制和报批需符合以下要求：

（1）环评文件编制工作应在可行性研究阶段启动，初步设计阶段编制完成。

（2）环评文件编制过程中应依法公开项目建设信息、环境影响报告书（表）、公众参与等相关信息。

（3）环评文件编制完成后应组织内审。

（4）项目开工前，报有审批权的生态环境部门审批并取得批复。

3. 初步设计文件中环境保护篇章的编制及审查

电网建设项目初步设计文件中环境保护篇章的编制及审查需符合以下要求：

（1）初步设计文件中编制环境保护篇章，落实环评文件及批复文件提出的防治环境污染和生态环保措施以及环境保护设施投资概算。

（2）督促初步设计单位修改完善初步设计方案或补充办理工程涉及的环境敏感区协议文件。

（3）审查环境保护篇章内容及深度满足相关设计规定要求。

4. 复核环评重大变动及手续办理

电网建设项目取得环境影响评价批复后，建设项目的性质、规模、地点、采用的生产工艺或者防治污染、防止生态破坏的措施发生变更时，需符合以下要求：

（1）开工前及施工期间，根据环评文件及批复文件复核是否存在重大变更。

（2）发生重大变更的项目，应重新履行环评手续。

（3）变更环评文件批复前，发生变更部分不得开工建设。

5. 环境监理

相关规定或环评文件及批复文件有要求开展环境监理的，应开展环境监理。

6. 环保措施落实

（1）施工阶段落实环评文件及批复文件和设计文件要求。

（2）组织开展环保现场检查工作。

7. 竣工环保验收

电网建设项目竣工投产后，应尽快按规定开展竣工环保验收，需符合以下要求：

（1）满足验收条件后，建设单位依据生态环境主管部门相关要求开展竣工环保验收。

（2）对于验收过程中发现的问题，建设单位应及时组织整改。

（3）根据电网建设项目建设进度，应及时组织环保验收调查单位启动验收调查工作。

（4）组织开展环保验收报告技术审评、现场检查、验收会并印发环保验收意见。

（5）验收合格后应当通过网站或其他便于公众知晓的方式，依法向社会公开电网建设项目竣工环保验收相关信息。

8. 运行期环境管理

电网建设项目运行期环境管理需做到：

（1）组织开展变电站（换流站、开关站、串补站）和输电线路电磁环境监测和超标治理。

（2）组织开展变电站（换流站、开关站、串补站）厂界噪声监测和超标治理。

（3）组织开展变电站（换流站、开关站、串补站）外排废水监测和超标治理。

（4）开展 SF_6 气体回收处理和循环再利用工作。

9. 电网废弃物管理

（1）实物资产使用保管单位按要求收集电网一般废弃物和危险废弃物，及时填报记录表。

（2）实物资产使用保管单位和物资管理部门按要求对电网一般废弃物和危险废弃物进行暂存，做好暂存台账记录管理。

（3）实物资产使用保管单位和物资管理部门按要求对电网一般废弃物和危险废弃物进行处置，做好处置台账记录管理。

（4）开展电网一般废弃物和危险废弃物环境无害化处置工作的统计、分析和考核。

2.4 监测达标

电网建设项目电磁和噪声环境影响须达到相应技术标准限值要求，变电站（换流站、开关站、串补站）存在废水外排的需做到达标排放。

2.4.1 电磁环境监测方法及评价标准

1. 定义

工频电场：电量随时间作 50Hz 周期变化的电荷产生的电场。度量工频电场强度的物理量为电场强度，其单位为伏特每米（V/m），工程上常用千伏每米（kV/m）。

工频磁场：电量随时间作 50Hz 周期变化的电流产生的磁场。度量工频磁场强度的物理量可以用磁感应强度和磁场强度，其单位分别为特斯拉（T）和安培每米（A/m），工程上磁感应强度常用微特斯拉（μT）。

2. 监测方法

下列标准规定了 110kV 及以上电压等级的交流输变电工程产生的工频电磁和工频磁场的监测方法：

DL/T 988—2005《高压交流架空送电线路、变电站工频电场和磁场测量方法》

DL/T 334—2010《输变电工程电磁环境监测技术规范》

HJ 681—2013《交流输变电工程电磁环境监测方法（试行）》

3.评价标准

《电磁环境控制限值》（GB 8702—2014）规定，频率为 50Hz 的电场强度、磁感应强度的公众曝露控制限值分别为 4000V/m、100μT。架空输电线路线下的耕地、园地、牧草地、畜禽饲养地、养殖水面、道路等场所，其频率为 50Hz 的电场强度控制限值为 10kV/m，且应给出警示和防护指示标志。

其中 100kV 以下电压等级的交流输变电设施可豁免管理。

2.4.2　环境噪声监测方法及评价标准

1.定义

等效连续 A 声级，简称为等效声级，指在规定测量时间 T 内 A 声级的能量平均值，用 $L_{Aeq,\,T}$ 表示（简写为 L_{eq}），单位为 dB（A）。除特别指明外，环境噪声质量及环境噪声排放标准中噪声限值均为等效声级。

噪声敏感区域指康复疗养区和以居民住宅、医疗卫生、文化教育、科研设计、行政办公等为主要功能特别需要或需要保持安静的区域。

2.声环境功能区分类

按区域的使用功能特点和环境质量要求，声环境功能区分为以下五种类型：

0 类声环境功能区：指康复疗养区等特别需要安静的区域。

1 类声环境功能区：指以居民住宅、医疗卫生、文化教育、科研设计、行政办公为主要功能，需要保持安静的区域。

2 类声环境功能区：指以商业金融、集市贸易为主要功能，或者居住、商业、工业混杂，需要维护住宅安静的区域。

3 类声环境功能区：指以工业生产、仓储物流为主要功能，需要防止工业噪声对周围环境产生严重影响的区域。

4 类声环境功能区：指交通干线两侧一定距离之内，需要防止交通噪声对周围环境产生严重影响的区域，包括 4a 类和 4b 类两种类型。4a 类为高速公路、一级公路、二级公路、城市快速路、城市主干路、城市次干路、城市轨道交通（地面段）、内河航道两侧区域；4b 类为铁路干线两侧区域。

3.监测方法及评价标准

《声环境质量标准》（GB 3096—2008）规定了五类声环境功能区的环境噪声限值及测量方法，适用于声环境质量评价与管理。该标准既是监测方法标准，又是评价标准。

各类声环境功能区适用表 2-7 规定的环境噪声等效声级限值。

表 2–7 环境噪声等效声级限值 单位：dB（A）

声环境功能区类别		时段	
		昼间	夜间
0 类		50	40
1 类		55	45
2 类		60	50
3 类		65	55
4 类	4a 类	70	55
	4b 类	70	60

2.4.3 厂界环境噪声排放监测方法及评价标准

1. 定义

工业企业厂界环境噪声指在工业生产活动中使用固定设备等产生的、在厂界处进行测量和控制的干扰周围生活环境的声音。

厂界指由法律文书（如土地使用证、房产证、租赁合同等）确定的业主所拥有使用权（或所有权）的场所或建筑物边界。各种产生噪声的固定设备的厂界为其实际占地的边界。

噪声敏感建筑物指医院、学校、机关、科研单位、住宅等需要保持安静的建筑物。

2. 监测方法及评价标准

《工业企业厂界环境噪声排放标准》（GB 12348—2008）规定了工业企业和固定设备厂界环境噪声排放限值及其测量方法，适用于工业企业噪声排放的管理、评价及控制。机关、事业单位、团体等对外环境排放噪声的单位也按本标准执行。该标准既是监测方法标准，又是评价标准。

表 2-8 规定了处于不同声环境功能区的工业企业厂界环境噪声排放限值。

表 2-8 工业企业厂界环境噪声排放限值 单位：dB（A）

声环境功能区类别	时段	
	昼间	夜间
0 类	50	40

续表

声环境功能区类别	时段	
	昼间	夜间
1类	55	45
2类	60	50
3类	65	55
4类	70	55

2.4.4 污水监测标准及评价标准

1. 定义

污水指在生产与生活活动中排放的废水总称。

变电站（换流站、开关站、串补站）污水主要为生活污水，主要污染物因子有：pH 值、化学需氧量（COD）、生化需氧量（BOD_5）、悬浮物（SS）、石油类、氨氮、总磷。

2. 监测标准及评价标准

变电站（换流站、开关站、串补站）设置污水排放口且对外排放废水的，《污水综合排放标准》（GB 8978—1996）中表 2（1998 年 1 月 1 日前建设的）和表 4（1998 年 1 月 1 日后建设的）规定了主要污染物的最高允许排放浓度，该标准的表 6 规定了不同污染物因子的测定方法。

2.5 环境友好

2.5.1 环境友好型社会

环境友好型社会是人与自然和谐发展的社会，通过人与自然和谐的发展促进人与人、人与社会的和谐。环境友好型社会的建设，就是要求人们在社会活动中以尊重自然规律为核心，尽可能减少废物的排放，有效地防止环境的污染，节约资源、保护环境，用最小的环境投入换取社会经济发展的最大化，不但要形成人类社会与自然和谐共处，而且要形成经济社会和自然相互促进，从而建立起人类与环境的和谐发展。资源节约型、环境友好型社会是追求经济利益与环境良性发展的社会，最高目标是促进环境友好行为的实现，建设环境友好型社会。这就要求人们以人与自然和谐发展为目标，以环境承载力为根本，以绿色科技为动力支撑，尊重自然规律，倡导生态文明，采取各种保护措施来维护生态环境，建设环境友好型社会。

2.5.2　环境友好型企业

企业作为社会建设的重要组成，同时也是推动社会建设的关键动力。创新企业发展模式，落实环保生产主题，加大企业环保研究力度，帮助企业更好地适应经济发展模式，并且充分结合企业生产与生态环境建设，明确环保生产主题的同时，坚持做到资源节约，创新企业生产高新技术，研发更多全新产品，实现企业发展与资源节约、环境友好社会建设共同进步。特别是众多企业发展中，高损耗、高排放类型的企业，必须从环保角度出发，积极制定低碳、低排放与节能的生产模式，与此同时将对环境伤害较大的生产技术摒弃，减少企业生产对环境保护的危害，同时帮助企业实现生态建设与环境保护发展转型，真正成为节能型企业类型。

环境友好型企业是指经济效益突出、资源合理利用、环境清洁优美、环境与经济协调发展的企业典范。

环境友好型企业在清洁生产、污染治理、节能降耗、资源综合利用等方面都处于国内领先水平，调动了企业实施清洁生产、发展循环经济、保护环境行为的积极性。

2.5.3　环境友好型电网

现代电网建设中都要求具备环境保护功能，发达国家的电网建设都采用了绿色能源理念。在我国也同样要求这种建设标准，因此，在建设电网使用新技术的同时，对其自然环境也要加以保护，与自然环境和谐共处，即友好型高效电网。

1. 城市变电站的选址

在变电站的建设中最为关键的是城市变电站的建设，因为在这些地方人口比较集中，工业发达，用电量高，变电站数量比较多。因此变电站的建设，一要注重外观造型；二要尽量采用全户内布置；三是变电站建在负荷集中区域，以此降低线路投入和运行成本。

2. 进行艺术形式设计变电站

在设计变电站时首先要考虑实用性。变电站作为一个工业性厂房，第一要素就是功能。在设计时要考虑好管理的人性化、低碳环保、施工严谨、用材环保、布局合理和设计科学，体现出变电站设计科学化的理念。在变电站建设中使用新工艺、新材料、新设备和新技术，使其与周围环境和谐共处的同时，实现变电站的输电、变电和配电功能，也能达到变电站和电网的平稳运行和最优经济效益。

其次是变电站的观赏性，小型变电站属于一种景观建筑，在设计好内部功能的同时还需要进行外观的设计。外观要求通过艺术化设计实现美观效果，形成具有独立特点和外在的形式美，同时还要求有民族性和时代感。

在变电站内部设计时，为满足环境友好的效果需要达到以下几点：

（1）变电站所有要素都要做到整齐划一。设计时就需要考虑好变电站的内外部，从装修的细节着手，然后进行整体组合，这就包括架设线杆和放线错落有致，电缆的敷设和设备的安装要求井然有序。

（2）外观装饰颜色的选择要着重效果。

（3）变电站内外结构一致性。其设计应体现文化内涵，给人一种美的享受。

3. 变电站要求智能、高效、绿色低碳

现在使用的都是智能变电站，这种变电站实质上就是数字化变电站的设备和网络化设备进行融合后的变电站。智能变电站能够实现智能电网中的智能分配电能、控制电力流向和调整电压等重要作用。它还能够实现设备之间的信息共享和相互操作，这种方式能够极大地提高电网运行的经济效益，使电网运行更加高效化，实现能源和电力资源的综合利用。智能变电站还能在配电中自动选择发电电源，使优质电能在配送中享有优先权，实现了优胜劣汰，对保护环境和节约资源意义重大。

绿色变电站改变了人们的工作模式，同时提高了生产效率。其工作模式的特点是低能耗输电和智能变电，这种模式实现了电能的高效利用：在智能变电站中使用中央系统进行控制，改变了传统值班人员人工控制模式；通过中央计算机控制系统，可以实现对电力设备的远程监控和控制，同时还给出故障点和故障类型，发挥着维修指导的作用。智能变电站的远程监控系统可以监控和调节供电设备和周围环境，能够自动检测室内温度，在温度超过设定值时，自动开启空调设备，控制室内温度，同时可以控制灯光和风机；智能系统可以在同一时间对多个设备进行精密控制，保证精准性；智能故障排除系统采用网络报文记录和分析系统，工作人员根据记录的实时信息，对出现的故障进行分析，指导维修人员对其进行精准维修；安全防范系统具有火灾的防范功能，出现火警时，系统就会启动灭火程序，对火苗进行有效控制。

4. 水污染的防治

在绿色变电站的污水治理中采用净化和再利用实现对水资源的保护，在这样的变电站中，污水排放主要有两种情况：一种是生活污水；另一种是工业废水。生活污水主要是工作人员的生活必需形成的废水，在通过净化处理后，进行再利用做到节约水资源；工业废水主要是变压器出现故障时对其进行维修清洗时产生的废水，这种水是一种水和油的混合物，采用事故池进行处理，把油和水进行分离达到标准并复用。

5. 变电站设备的选择

在绿色变电站的设计中，不仅要考虑好外围的因素，还要对内部的设备进行综合的考虑，要求根据变电站的负荷数据，考虑设置交直流一体化电源。在对内部设备进行调整中，要考虑好其稳定性和安全性，再根据现在的科学技术水平，对检测设备和保护设备进行调整，最终实现变电站的系统部分和电气设备部分的安全节能。在变电站系统中，保证其供电稳定性的同时，配备无功率装置，使用先进的继电保护器。

对电气设备的选择除了要考虑其安全性以外，还要考虑高效、节能和经济性能，要采用一些噪声小、污染少的设备。在变电站经济允许的情况下可以选用一些数字化的设备，这样的设备能够实现信息一体化。在对变电站的节能措施中，可以在照明中采用绝缘铜管母线、高效节能的照明灯具和节能变压器。

6. 噪声的控制

变电站的设备种类繁多，其运行模式各不相同，这些设备在运行时就会对附近的居民造成影响，因此要防治好变电站的噪声。产生噪声的最主要因素是变压器的风冷机，在防治中可以利用先进技术手段和先进材料进行降噪处理。

在具体的防噪方法中，在对传统的变压器进行改造时，可以采用增加铁芯截面积、降低磁通密度的方法，也可以使用混凝土压制的方法防止变压器共振；在风冷设备中采用噪声小的设备；在变电站周围进行高墙作业也能起到隔音效果。

7. 降低电磁环境影响

随着高压线路的增加和变电站的加速建设，电磁环境影响越来越受到有关部门的重视和公众的关注。降低电磁环境影响的有效途径就是采用电磁影响较小的先进设备和利用国内外的先进技术，采用智能化的变电站、利用先进的光电式互感器技术和网络通信技术，可以大大降低变电站及高压传输设备的电磁环境污染。

2.6　公众参与与信息公开

　　环境保护公众参与是指公民、法人和其他组织自觉自愿参与环境立法、执法、司法、守法等事务以及与环境相关的开发、利用、保护和改善等活动。公众参与环境保护是维护和实现公民环境权益、加强生态文明建设的重要途径。积极推动公众参与环境保护，对创新环境治理机制、提升环境管理能力、建设生态文明具有重要意义。电网建设项目全过程均备受项目周边公众的关注，应加强环保宣传，得到周边公众的理解和支持。

　　依据《环境影响评价公众参与办法》（生态环境部令第 4 号，2019 年 1 月 1 日施行），建设单位应当依法听取环境影响评价范围内的公民、法人和其他组织的意见，鼓励建设单位听取环境影响评价范围之外的公民、法人和其他组织的意见。建设项目环境影响评价公众参与相关信息应当依法公开，涉及国家秘密、商业秘密、个人隐私的，依法不得公开。法律法规另有规定的，从其规定。

　　生态环境主管部门公开建设项目环境影响评价公众参与相关信息，不得危及国家安全、公共安全、经济安全和社会稳定。

　　建设单位应当在确定环境影响报告书编制单位后 7 个工作日内，通过其网站、建设项目所在地公共媒体网站或者建设项目所在地相关政府网站（以下统称网络平台），公开下列信息：

　　（1）建设项目名称、选址选线、建设内容等基本情况，改建、扩建、迁建项目应当说明现有工程及其环境保护情况；

　　（2）建设单位的名称和联系方式；

　　（3）环境影响报告书编制单位的名称；

　　（4）公众意见表的网络链接；

　　（5）提交公众意见表的方式和途径。

　　在环境影响报告书征求意见稿编制过程中，公众均可向建设单位提出与环境影响评价相关的意见。

　　建设项目环境影响报告书征求意见稿形成后，建设单位应当公开下列信息，征求与该建设项目环境影响有关的意见：

　　（1）环境影响报告书征求意见稿全文的网络链接及查阅纸质报告书的方式和途径；

（2）征求意见的公众范围；

（3）公众意见表的网络链接；

（4）公众提出意见的方式和途径；

（5）公众提出意见的起止时间。

建设单位征求公众意见的期限不得少于 10 个工作日。

建设单位应当通过下列三种方式同步公开：

（1）通过网络平台公开，且持续公开期限不得少于 10 个工作日；

（2）通过建设项目所在地公众易于接触的报纸公开，且在征求意见的 10 个工作日内公开信息不得少于 2 次；

（3）通过在建设项目所在地公众易于知悉的场所张贴公告的方式公开，且持续公开期限不得少于 10 个工作日。

建设单位可以通过发放科普资料、张贴科普海报、举办科普讲座或者通过学校、社区、大众传播媒介等途径，向公众宣传与建设项目环境影响有关的科学知识，加强与公众互动。

建设单位向生态环境主管部门报批环境影响报告书前，应当组织编写建设项目环境影响评价公众参与说明。公众参与说明应当包括下列主要内容：

（1）公众参与的过程、范围和内容；

（2）公众意见收集整理和归纳分析情况；

（3）公众意见采纳情况，或者未采纳情况、理由及向公众反馈的情况等。

为维护公民、法人和其他组织依法享有获取环境信息的权利，促进企业事业单位如实向社会公开环境信息，推动公众参与和监督环境保护，企业事业单位应当按照强制公开和自愿公开相结合的原则，及时、如实地公开其环境信息。

依据《建设项目环境影响评价信息公开机制方案》（环发〔2015〕162 号），建设单位是建设项目选址、建设、运营全过程环境信息公开的主体，是建设项目环境影响报告书（表）相关信息和审评后环境保护措施落实情况公开的主体。通过环评信息公开机制，公众能够方便获取建设单位和环境保护主管部门建设项目环评信息，保障可能受建设项目环境影响的公众的权益，保障公众对项目建设的环境影响的知情权、参与权和监督权。

建设单位环评信息公开的阶段和内容有：

（1）公开环境影响报告书编制信息。建设单位在建设项目环境影响报告书编制过程中，应向社会公开建设项目的工程基本情况，拟定选址选线、周边主要保护目标的位置和距离、主要环境影响预测情况、拟采取的主要环境保护措施、公众参与的途径方式等。

（2）公开环境影响报告书全本。建设单位在建设项目环境影响报告书编制完成后，向环境保护主管部门报批前，应向社会公开环境影响报告书全本。

（3）公开建设项目开工前的信息。建设项目开工建设前，建设单位应当向社会公开建设项目开工日期、设计单位、施工单位和环境监理单位、工程基本情况、实际选址选线、拟采取的环境保护措施清单和实施计划、有地方政府或相关部门负责配套的环境保护措施清单和实施计划等，并确保上述信息在整个施工期内均处于公开状态。

（4）公开建设项目施工过程中的信息。项目建设过程中，建设单位应当在施工中期向社会公开建设项目环境保护措施进展情况、施工期的环境保护措施落实情况、施工期环境监理情况、施工期环境监测结果等。

（5）公开建设项目建成后的信息。建设项目建成后，建设单位应当向社会公开建设项目环评提出的各项环境保护设施和措施执行情况、竣工环境保护验收监测和调查结果。

依据《建设项目竣工环境保护验收暂行办法》（国环规环评〔2017〕4 号文，2017 年 11 月 20 日施行），除按照国家需要保密的情形外，建设单位应当通过其网站或其他便于公众知晓的方式，向社会公开下列信息：

（1）建设项目配套建设的环境保护设施竣工后，公开竣工日期；

（2）对建设项目配套建设的环境保护设施进行调试前，公开调试的起止日期；

（3）验收报告编制完成后 5 个工作日内，公开验收报告，公示的期限不得少于 20 个工作日。

建设单位公开上述信息的同时，应当向所在地县级以上环境保护主管部门报送相关信息，并接受监督检查。

本章小结

我国的生态环境保护目前已建立了一整套具有中国特色的由国家法律、国务院行政法规、政府部门规章、地方性法规、环境标准、环境保护国际条约等组成的环境保护法律法规体系。

　　由于输变电工程存在公益性、民生性和复杂性等特点，因此电网建设面临的环保违法风险主要集中在环保手续齐全、合法等方面，一般主要为未批先建、重大变动未履行相关手续、未验先投等，因此电网建设应认真梳理环境保护法律法规要求，严格遵照执行，避免出现被环境保护主管部门处罚的情况。

　　在建设绿色电网中，主要就是对生态环境的要求，要做对生态环境保护工作，同时在建设电网工作中，要和环境进行融合，使之形成一个完整的统一体。

第 3 章 项目前期生态环境保护管理

3.1 选址选线的生态环境保护管理要点

选址选线阶段的生态环境保护管理的重点要求为：避让环境敏感区，特别是法律法规禁止进入的区域。

3.1.1 环境敏感区定义

根据《建设项目环境影响评价分类管理名录》（生态环境部令第 1 号，2018 年 4 月 28 日施行），环境敏感区是指依法设立的各级各类保护区域和对建设项目产生的环境影响特别敏感的区域，主要包括生态保护红线范围内或者其外的下列区域：

（1）自然保护区、风景名胜区、世界文化和自然遗产地、海洋特别保护区、饮用水水源保护区；

（2）基本农田保护区、基本草原、森林公园、地质公园、重要湿地、天然林、野生动物重要栖息地、重点保护野生植物生长繁殖地、重要水生生物的自然产卵场、索饵场、越冬场和洄游通道、天然渔场、水土流失重点防治区、沙化土地封禁保护区、封闭及半封闭海域；

（3）以居住、医疗卫生、文化教育、科研、行政办公等为主要功能的区域，以及文物保护单位。

根据《环境影响评价技术导则 输变电工程》（HJ 24—2014），电磁环境敏感目标包括住宅、学校、医院、办公楼、工厂等有公众居住、工作或学习的建筑物。

根据《环境影响评价技术导则 声环境》（HJ 2.4—2009），声环境敏感目标包括医院、学校、机关、科研单位、住宅、自然保护区等对噪声敏感的建筑物或区域。

3.1.2 进入环境敏感区的相关规定

3.1.2.1 法律法规禁止进入的区域（颠覆性因素）

1. 自然保护区

根据国务院《中华人民共和国自然保护区条例》，自然保护区可以分为核心区、缓冲区和实验区。在自然保护区的核心区和缓冲区内，不得开展任何开发建设活动、建设任何生产设施。自然保护区的内部未分区的，依照本条例有关核心区和缓冲区的规定管理。

自然保护区有省级及国家级，其批准机关分别为省人民政府或国务院，各级自然保护区均明确了保护面积、保护对象及行政主管部门。

2. 风景名胜区

根据国务院《风景名胜区管理条例》，禁止在风景名胜区内设立各类开发区和在核心景区内建设宾馆、招待所、培训中心、疗养院以及与风景名胜资源保护无关的其他建筑物。

风景名胜区分省级及国家级，其批准机关分别为省人民政府或国务院。

3. 世界文化和自然遗产地

根据《世界文化遗产保护管理办法》，禁止在世界遗产保护范围内建设污染环境、破坏生态和造成水土流失的设施；禁止进行任何损害或破坏世界遗产资源的活动。

接受联合国《保护世界文化和自然遗产公约》调整，考虑到世界文化和自然遗产地的核心区和缓冲区往往与自然保护区、风景名胜区相重叠，因此，其管理要求应依照自然保护区和风景名胜区的相关要求进行规范。

4. 饮用水水源保护地

根据《中华人民共和国水污染防治法》，饮用水水源保护区分为一级保护区和二级保护区，在饮用水水源一级保护区内禁止新建、改建、扩建与供水设施和保护水源无关的建设项目；已建成的与供水设施和保护水源无关的建设项目，由县级以上人民政府责令拆除或者关闭。在饮用水水源二级保护区内禁止新建、改建、扩建排放污染物的建设项目。

5. 海洋特别保护区

根据原国家海洋局《海洋特别保护区管理办法》，其分区保护要求为：

（1）在重点保护区内，实行严格的保护制度，禁止实施各种与保护无关的工程建设活动。

（2）在适度利用区内，在确保海洋生态系统安全的前提下，允许适度利用海洋资源。鼓励实施与保护区保护目标相一致的生态型资源利用活动，发展生态旅游、生态养殖等海洋生态产业。

（3）在生态与资源恢复区内，根据科学研究结果，可以采取适当的人工生态整治与修复措施，恢复海洋生态、资源与关键生境。

6. 森林公园

根据原国家林业局《森林公园管理办法》，在珍贵景物、重要景点和核心景区，除必要的保护和附属设施外，不得建设宾馆、招待所、疗养院和其他工程设施。

7. 其他区域

生态保护红线是指在生态空间范围内具有特殊重要生态功能、必须强制性严格保护的区域，是保障和维护国家生态安全的底线和生命线，通常包括具有重要水源涵养、生物多样性维护、水土保持、防风固沙、海岸生态稳定等功能的生态功能重要区域，以及水土流失、土地沙化、石漠化、盐渍化等生态环境敏感脆弱区域。

3.1.2.2 有条件进入的区域

有条件进入的区域包括以居住、医疗卫生、文化教育、科研、行政办公等为主要功能的区域；文物保护单位；国家公园、自然保护区、森林公园、世界文化和自然遗产地保护区等的外围地带及基本农田、生态公益林等区域。

3.1.3 选址选线进入环境敏感区的管理要点

电网建设项目选址应符合生态保护红线管控要求，避让自然保护区、风景名胜区、世界文化和自然遗产地、饮用水水源保护区、海洋特别保护区、森林公园等环境敏感区。确实因自然条件等因素限制无法避让自然保护区实验区、饮用水水源二级保护区等环境敏感区的输电线路，应在满足相关法律法规及管理要求的前提下对线路方案进行唯一性论证，并采取无害化方式通过。进入自然保护区的输电线路，应按照《环境影响评价技术导则　生态影响》（HJ 19—2011）的要求开展生态现状调查，避让保护对象的集中分布区。在选址时应按终期规模综合考虑进出线走廊规划，避免进出线进入自然保护区、风景名胜区等环境敏感区。

（1）选址选线时禁止进入以下区域：①自然保护区的核心区（输变电项目）、缓冲区（输变电项目）；②风景名胜区的核心景区；③世界文化和自然遗产地的核心区和缓冲区；④饮用水水源保护区一级保护区（输变电项目）；⑤海洋特别保护区的重点保护区、适度利用区和生态与资源恢复区；⑥森林公园的珍贵景物、重要景点和核心景区；⑦国家公园。

国家和地方最新出台的其他禁止进入的区域选址选线时应遵从其规定。

电网建设项目禁止进入的环境敏感区见表 3-1。

表 3-1　　　　　　　电网建设项目禁止进入的环境敏感区明细表

序号	环境敏感区名称	类别	变电站建设要求	线路建设要求
1	自然保护区	核心区和缓冲区	禁止建设	禁止建设
		实验区	禁止建设	优先考虑避让，实在无法避让的，可立塔，应进行唯一性论证，办理审批手续
2	风景名胜区	核心景区	禁止建设	禁止建设
3	世界文化和自然遗产地	核心区和缓冲区	禁止建设	禁止建设
4	饮用水水源保护地	一级保护区	禁止建设	禁止建设
		二级保护区	禁止建设	优先考虑避让，实在无法避让的，可立塔，应进行唯一性论证，办理审批手续
5	海洋特别保护区	重点保护区、适度利用区、生态与资源恢复区	禁止建设	禁止建设
6	森林公园	珍贵景物、重要景点和核心景区	禁止建设	禁止建设
7	国家公园	—	待相关政策	待相关政策

（2）选址选线时应尽量避让以下区域：①以居住、医疗卫生、文化教育、科研、行政办公等为主要功能的区域；②文物保护单位；③国家公园、自然保护区、森林公园、世界文化和自然遗产地保护区等的外围地带及基本农田、生态公益林等区域。

（3）选址选线时经比选确无法避让的，需由专业咨询机构进行专题技术论证，并取得有管辖权的行政主管部门的协议或书面意见，方可满足要求。

（4）工作中应及时跟踪当地的生态红线划定成果及关于生态红线保护的相关

规定、国家最新及各地方人民政府出台的其他禁止进入的区域，避免因相关禁止行为造成工程后期实施困难。

3.1.4　选址选线进入其他区域的管理要点

电网建设项目选址选线应符合当地发展规划，本着保护优先、预防为主、节约资源、绿色发展的理念，开展选址选线工作。

（1）户外变电工程及规划架空进出线选址选线时，应关注以居住、医疗卫生、文化教育、科研、行政办公等为主要功能的区域，采取综合措施，减少电磁和声环境影响。

（2）同一走廊内的多回输电线路，宜采取同塔多回架设、并行架设等方式，减少新开辟走廊，优化线路走廊间距，降低环境影响。

（3）原则上避免在 0 类声环境功能区建设变电站工程。

（4）变电站工程选址时，应综合考虑减少土地占用、植被砍伐和弃土弃渣，以减少对生态环境的不利影响。

（5）输电线路宜避让集中林区，以减少林木砍伐，保护生态环境。

3.1.5　选址选线报告的环境保护篇章编制要点

3.1.5.1　确定调查因子、范围

1. 生态环境

根据《环境影响评价技术导则　生态影响》（HJ 19—2011）及《环境影响评价技术导则　输变电工程》（HJ 24—2014），确定生态环境评价范围，变电站为站界外 500m 范围内；架空线路为线路边导线地面投影外两侧各 300m 内的带状区域（涉及生态环境敏感区的应延至边导线地面投影外两侧各 1km 内的带状区域），依此范围确定是否涉及自然保护区、风景名胜区、世界文化和自然遗产地、国家公园、森林公园、地质公园、重要湿地、饮用水水源保护区、生态保护红线区等生态敏感区。

为有利于今后各阶段优化、变动，应调查变电站站界外及线路边导线外两侧 1～2km 范围内生态敏感区的名称、级别、主管部门、所处行政区、保护范围及与工程的位置关系等情况。

2. 电磁环境、声环境

根据《环境影响评价技术导则　输变电工程》（HJ 24—2014）及《环境影响评价技术导则　声环境》（HJ 2.4—2009），电磁环境评价范围变电站为站界

外 30 ～ 50m 范围内；架空线路为边导线地面投影外两侧各 30 ～ 50m 内的带状区域；电缆线路为电缆管廊两侧边缘各外延 5m。噪声评价范围：变电站为站界外 200m 范围内；架空线路为边导线地面投影外两侧各 30 ～ 50m 内的带状区域。依此范围确定是否涉及以居住、医疗卫生、文化教育、科研、行政办公为主要功能的区域。

为有利于今后各阶段优化、变动，应调查变电站站界外及线路边导线外两侧 0.2 ～ 1km 范围内电磁和声环境敏感目标（如民房、学校、医院、办公楼、工厂等）的名称、功能、所处行政区及与工程的位置关系等情况。

3. 水环境

根据《环境影响评价技术导则　地表水环境》（HJ 2.3—2018）规定，确定项目涉及的存在于陆地表面的河流（江河、运河及渠道）、湖泊、水库等地表水体以及入海河口和近岸海域。

水环境重点识别工程区可能汇流的地表水域是否存在饮用水水源保护区、饮用水取水口，涉水的自然保护区、风景名胜区，重要湿地、重点保护与珍稀水生生物的栖息地、重要水生生物的自然产卵场及索饵场、越冬场和洄游通道，天然渔场等渔业水体，以及水产种质资源保护区等。

3.1.5.2　颠覆性因素分析

（1）存在进入自然保护区、风景名胜区、饮用水水源保护地、世界文化和自然遗产地等法律法规禁止的颠覆性因素应避让（变电站选址也应尽量避免邻近该区域，否则将影响线路出线布置）。

（2）其他所涉及的自然保护区、风景名胜区、饮用水水源保护地、世界文化和自然遗产地外围及基本农田、文物保护单位等的应取得相关行政主管部门的同意，并按其要求提出需要采取的措施。

（3）最新法律法规出台后的相关禁止行为按新要求执行。

3.1.5.3　对环境影响的初步分析

1. 电磁环境

选择类比变电站简要分析工程的电磁环境影响，类比对象优先选择建设规模、电压等级、容量、环境条件及运行工况类似的输变电工程。

2. 声环境

从源强、距离等方面进行简要分析即可。

3. 生态环境

针对工程调查范围涉及的生态敏感区及国家重点保护动植物、古树名木、珍贵林木、风水林等进行简单描述，并提出必要的措施。

4. 水环境

对工程邻近饮用水水源保护区或需要特殊保护的水体（水生生物产卵场、索饵场、天然渔场等）进行初步分析，并提出避让的措施。

5. 相关协议要求

选址选线时在取得有管辖权的相关行政主管部门协议时，协议上应对是否涉及（邻近、相邻、跨越、穿越）环境敏感区给出明确结论，当工程无法避让时应进行唯一性论证，并提出有效的措施建议。

3.2　可行性研究报告环境保护篇章编制与审查技术要点

3.2.1　可行性研究报告环境保护篇章内容

1. 环境现状分析

列表说明变电站站界外及线路边导线外两侧 1km 范围内生态敏感区（如自然保护区、风景名胜区、世界文化和自然遗产地、国家公园、森林公园、地质公园、重要湿地、饮用水水源保护区、生态保护红线区等）的名称、级别、行政主管部门、所处行政区、保护范围、与工程的位置关系等情况，必要时增加功能区划图件。列表说明变电站站界外及线路边导线外两侧 100～200m 范围内电磁和声环境敏感目标（如民房、学校、医院、办公楼、工厂等）的名称、功能、所处行政区、与工程的位置关系等情况。

2. 环境影响分析

分析工程建设施工期和运行期的主要环境影响，施工期关注生态、噪声、废（污）水、扬尘、固体废物等环境影响因素，运行期关注电磁、噪声、废（污）水、固体废物、事故油等环境影响因素。

对于生态影响，应重点说明工程涉及的生态敏感区情况及相应主管部门意见取得情况；对于声环境影响，应结合工程近远期规模开展变电站噪声预测计算，说明预测结果及厂界环境噪声排放达标情况。

3. 环境保护措施

明确环境保护措施设计原则，针对施工期和运行期的主要环境影响，提出变电站和线路的环境保护措施。

4.环境保护投资估算

为保证相关措施有效落实，应在可行性研究报告中列表估算环境保护设（措）施投资、生态敏感区专题评价费用、各项生态补偿费用、环评咨询费用、竣工环保设施验收等相关费用，并列入工程总投资。

3.2.2 可行性研究报告环境保护篇章审查技术要点

可行性研究报告环境保护篇章审查技术要点见表 3-2。

表 3-2　　　　可行性研究报告环境保护篇章审查技术要点

序号		审查要点
1	总体要求	可行性研究报告中应有环境保护篇章
2	环境现状分析	复核区域内主要自然保护区、风景名胜区、世界文化和自然遗产地、国家公园、森林公园、地质公园、重要湿地、饮用水水源保护区、生态保护红线区等生态敏感区是否漏项；是否列表说明变电站站界外及线路边导线外两侧 1km 范围内生态敏感区的名称、级别、行政主管部门、所处行政区、保护范围、与工程的位置关系等情况
3		涉及环境敏感区是否取得相应行政主管部门意见，并对涉及环境敏感区给出明确结论和措施建议
4		穿越自然保护区等生态敏感区的唯一性论证理由是否充分；是否存在替代方案
5		是否列表说明变电站站界外及线路边导线外两侧 100～200m 范围内电磁和声环境敏感目标（如民房、学校、医院、办公楼、工厂等）的名称、功能、所处行政区、与工程的位置关系等情况
6	环境影响分析	施工期生态、噪声、废（污）水、扬尘、固体废物等环境影响因素，运行期电磁、噪声、废（污）水、固体废物、事故油等环境影响因素是否分析到位
7	环境影响分析	确定的声环境质量标准、噪声排放标准是否符合标准规范；改扩建工程是否调查了现有工程噪声排放现状、敏感点声环境质量达标现状，调查结果是否合理可靠；是否结合工程近远期规模开展变电站噪声预测计算，并说明预测结果及厂界环境噪声排放达标情况

续表

序号		审查要点
8	环境 保护 措施	噪声：是否结合排放现状进行了降噪设计；降噪方案是否技术可行、经济合理和稳定达标
9		电磁：是否有满足环境保护要求的高跨设计
10		污水：是否为雨污分流制；生活污水回用是否可行、可靠
11		危废：是否明确事故油池容积设计要求，与相关标准要求是否相符，是否设有油污排放处理装置；是否设计满足管理要求的危废暂存点
12		生态：跨越生态敏感区位置是否合理
13	环保 投资 估算	是否计列生态敏感区专题评价费用，是否计列生态补偿费用
14		是否计列环境保护设（措）施投资、降噪工程费等
15		是否计列环评咨询费用和竣工环保设施验收、监测相关等费用

本章小结

　　电网建设项目选址选线应符合生态保护红线管控要求，避让法律法规禁止进入的自然保护区的核心区和缓冲区、风景名胜区的核心区、世界文化和自然遗产地的核心区和缓冲区区域、饮用水水源保护地一级保护区及二级保护区（变电站工程）、海洋特别保护区的相关区域、森林公园的珍贵景物及重要景点和核心景区、国家公园等区域；确实因自然条件等因素限制无法避让自然保护区实验区、饮用水水源二级保护区等环境敏感区的输电线路，应在满足相关法律法规及管理要求的前提下对线路方案进行唯一性论证，并采取无害化方式通过；要考虑到与规划环境保护目标的避让，特别是居住、医疗卫生、文化教育、科研、行政办公等目标，避免可能以环境影响为由，发生影响社会稳定的事件。

　　电网建设项目可行性研究报告应根据相关管理要求编制环境保护篇章，并进行环境现状分析、环境影响分析，提出环境保护措施和环保投资估算。

第4章 项目环境影响评价管理

4.1 监管要求

电网建设项目环境影响评价工作是指在电网建设项目开工建设前，建设单位依据有关法律法规要求和生态环境主管部门规定的标准和程序，组织编制环境影响报告书、环境影响报告表或者填报环境影响登记表，对项目实施后可能造成的环境影响进行分析、预测和评估，提出预防或者减轻不良环境影响的对策和措施，并按有关规定开展公众参与，报送有审批权限的生态环境主管部门审批的活动。

4.1.1 环境影响评价的法律地位

根据《中华人民共和国环境保护法》及《中华人民共和国环境影响评价法》规定，未依法进行环境影响评价的建设项目，不得开工建设。

电网建设项目的环境影响评价于可行性研究阶段启动，初步设计阶段完成报批，开工前需取得有审批权的生态环境主管部门的批复文件。

4.1.2 环评分类管理

《建设项目环境影响评价分类管理名录》规定，100kV 及以上电网建设项目需开展环评。500kV 及以上、涉及环境敏感区的330kV 及以上的电网建设项目需编制环境影响报告书；其他（100kV 以下除外）电网建设项目需编制环境影响报告表。

4.1.3 环评文件分级审批

《生态环境部审批环境影响评价文件的建设项目目录（2019年本）》规定，跨境、跨省（区、市）±500kV 及以上交直流输变电项目由生态环境部审批；不跨省（区、市）±500kV 及以上交直流输变电项目由省级生态环境厅审批；

220kV 及以下的输变电项目由地方生态环境主管部门结合本地区实际情况和基层生态环境部门承接能力，及时调整审批权限，具体分级审批见图 4-1。

图 4-1　环评文件的分级审批图

4.1.4　特殊审批要求

（1）《中华人民共和国环境影响评价法》规定，建设项目的环境影响评价文件经批准后，建设项目的性质、规模、地点、采用的生产工艺或者防治污染、防止生态破坏的措施发生重大变动的，建设单位应当重新报批建设项目的环境影响评价文件。

（2）《中华人民共和国环境影响评价法》规定，建设项目的环境影响评价文件自批准之日起超过五年，方决定该项目开工建设的，其环境影响评价文件应当报原审批部门重新审核；原审批部门应当自收到建设项目环境影响评价文件之日起十日内，将审核意见书面通知建设单位。

4.1.5　未批先建法律责任

（1）《中华人民共和国环境保护法》规定，未依法提交环评文件或者未经批准，擅自开工建设的，由环境保护监督管理部门责令停止建设，处以罚款，并可以责令恢复原状。被责令停止建设，拒不执行的，由县级以上人民政府环境保护主管部门或者其他有关部门将案件移送公安机关，对其直接负责的主管人员和其他直接责任人员，处十日以上十五日以下拘留；情节较轻的，处五日以上十日以下拘留。

（2）《中华人民共和国环境影响评价法》规定，建设单位未依法报批建设项目环境影响报告书、报告表，或者未依法重新报批或者报请重新审核环境影响报告书、报告表，擅自开工建设的，由县级以上生态环境主管部门责令停止建设，根据违法情节和危害后果，处建设项目总投资额百分之一以上百分之五以下的罚款，并可以责令恢复原状；对建设单位直接负责的主管人员和其他直接责任人员，依法给予行政处分。

4.2 工作要求

4.2.1 收资与复核

在环评文件编制过程中，建设单位应做好环评文件的质量与进度管控，并向环评单位提供所需的工程资料以及当地有关部门关于同意选线选址的意见，当工程涉及自然保护区、风景名胜区、世界文化和自然遗产地、饮用水水源保护区等环境敏感区时，还应提供相应政府主管部门的意见。环评单位向可行性研究单位提资内容、深度和时间要求见表4-1。

表 4-1　环评单位向可行性研究单位提资内容、深度和时间要求

序号	资料类别	资料主要内容	资料深度要求	可行性研究单位提资时间
1	工程基础图件资料	变电（换流）站、接地极地理位置图和总体规划图	总体规划图应覆盖站址（极址）周围至少500m范围，且包含地形（标高）信息	可行性研究推荐方案基本确定后一周内
		输电线路路径图	1:50000路径图需涵盖线路两侧至少各8km范围	
		生态敏感区图件	穿（跨）越生态敏感区域的名称、总体规划图及文本、与工程的位置关系图、穿（跨）越段的长度、塔基数及占地面积、穿（跨）越原因说明；线路邻近2km范围内的生态敏感区名称、与工程的位置关系图	
2	工程支撑性协议资料	生态敏感区协议	线路穿（跨）越生态敏感区主管部门出具的同意文件	协议取得后一周内

环评单位应依照环境保护法律法规和标准规范编制环评报告，确保环评结论合理，提出的环境保护措施切实可行。编制过程中，应加强与可行性研究单位、设计单位的衔接配合，调查工程涉及环境敏感区情况，复核设计方案中涉及环境敏感区情况及环境保护措施情况，提出复核建议。

可行性研究单位、设计单位应根据环评单位提出的合理避让环境敏感区及生态保护红线的建议，修改完善初步设计方案、施工或补充办理协议文件，确保项目生态环境保护的合法性。填写《电网建设项目可行性研究方案环评复核意见表》（见表 4-2）。

建设单位要与生态环境主管部门保持良好沟通，配合做好环评文件上报审批和批复跟踪协调工作。对于环评批复文件中发现的问题，建设单位要及时向作出审批的生态环境主管部门反映并促请解决。

环评文件经批准后，建设单位应组织对项目的性质、规模、地点、采用的生产工艺或者防治污染、防止生态破坏的措施等进行复核，如发生重大变动，应依法重新报批建设项目的变动环评文件。环评文件自批准之日起超过五年方决定开工建设的，其环评文件应当依法报原审批部门重新审核。

4.2.2　项目环评

输变电工程环评工作一般分为三个阶段，即调查分析和工作方案阶段、分析论证和预测评价阶段、环评文件编制阶段。

1. 调查分析和工作方案阶段

（1）建设单位委托有技术能力的环评单位开展环境影响评价工作。

（2）环评单位研究建设项目的相关技术文件，研究国家和地方有关环境保护的法律法规和政策标准及规划，开展初步环境状况调查，进行初步的工程分析。

（3）环评单位进行现场踏勘和调查。

（4）环评单位进行环境影响因素识别与评价因子筛选，确定评价重点和评价标准及工作等级，明确各专项评价范围。

（5）环评单位制定工作方案，包括现场监测、工程分析、环境影响预测评价、提出对策措施、公众参与、编制环评文件。

2. 分析论证和预测评价阶段

包括环境现状调查、监测及评价，工程分析，环境影响预测，规划相符性分析，方案比选和环境保护措施论证，根据国家和地方有关环境保护的法律法规、政策标准及相关规划评价建设项目的环境影响。

表4-2

电网建设项目可行性研究方案环评复核意见表

环评单位填写人：　　　　　　　审核人：　　　　　　　　　日期：

工程基本信息

项目名称				
建设管理单位			项目性质	□新 □改 □扩 □技术改造
环评单位 （盖章）			可行性研究单位 （盖章）	

工程规模复核意见

项目规模		复核结论及建议（可行性研究单位填写）
站址		复核结论及建议（可行性研究单位填写）
路径		复核结论及建议（可行性研究单位填写）

生态环境敏感区复核意见

序号	名称	级别	地点	与工程的位置关系	可行性研究是否遗漏	是否进入环保相关法律禁入区域	是否取得协议	协议是否满足环评审批要求	复核结论及建议（可行性研究单位填写）
1	××自然保护区				□是□否	□是□否	□是□否	□是□否	
2	××风景名胜区				□是□否	□是□否	□是□否	□是□否	
3	××饮用水水源保护区				□是□否	□是□否	□是□否	□是□否	
4	××世界文化和自然遗产地				□是□否	□是□否	□是□否	□是□否	
5	××生态红线				□是□否	□是□否	□是□否	□是□否	
6	…				□是□否	□是□否	□是□否	□是□否	

可行性研究单位其他意见：

3. 环评文件编制阶段

以《环境影响评价技术导则　输变电工程》（HJ 24—2014）的要求为主，辅以其他因子的环境影响评价技术导则，结合现场调查、监测、预测评价、措施制定等编制输变电工程环评文件。

电网建设项目环境影响报告书编报工作流程见图 4-2，环境影响报告表编报工作流程参照图 4-2 开展。

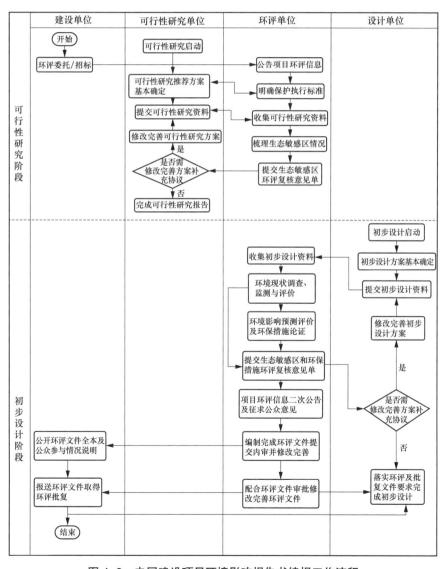

图 4-2　电网建设项目环境影响报告书编报工作流程

4.2.3　环评文件报（审）批程序

环评文件报（审）批程序（供参考，具体应以有审批权的生态环境主管部门要求为准）如下：

（1）建设单位将环评文件交予指定或委托的内审机构组织内审。

（2）建设单位将经内审并修改好的环评文件报生态环境保护主管部门审查（编制环境影响报告书的项目，报审前建设单位应依法主动公开建设项目环境影响报告书全本，同时附删除涉及国家秘密、商业秘密等内容及删除依据和理由说明报告；编制环境影响报告表的项目信息公开按有审批权的生态环境主管部门要求开展）。

（3）生态环境主管部门受理（生态环境主管部门受理环评文件后，应当通过其网站或者其他方式向社会公开信息，公开期限不得少于 10 个工作日），必要时委托技术评估单位进行评估。

（4）技术评估单位组织进行环评文件审查。

（5）建设单位根据技术评估单位的修改意见，督促环评单位对环评文件修改后，重新报生态环境主管部门审批。

（6）生态环境保护主管部门进行内部流程，涉及生态敏感目标需征询相关主管部门意见。通过部（厅）会议，经分管领导签字后，进行批复。生态环境主管部门对环评文件作出审批决定前，应当通过其网站或者其他方式向社会公开信息，公开期限不得少于 5 个工作日。

4.3　环评文件编制要点

电网建设项目环评文件的编制以《环境影响评价技术导则　输变电工程》（HJ 24—2014）的要求为主，辅以其他因子的环境影响评价技术导则。下述章节是以编制环境影响报告书为要求安排的，环境影响报告表的编制依据《环境影响评价技术导则　输变电工程》（HJ 24—2014）的格式进行。

4.3.1　"前言"的编制要求

简要说明建设项目的特点、环境影响评价的工作过程、关注的主要环境问题及环境影响报告的主要结论。

4.3.2 "总则"的编制要求

1. 编制依据

国家法律法规、部委规章、地方性法规及规划、评价技术导则、工程设计规程规范、测量方法与标准、工程设计文件、任务依据、生态环境主管部门关于本工程环境影响评价执行标准的意见及环境质量现状监测相关文件等。

2. 评价因子与评价标准

环评文件中给出各评价因子所执行的环境质量标准、排放标准或控制限值。环境质量评价的标准应根据建设项目所在地区的要求执行相应环境要素的国家环境质量标准；污染物排放标准执行相应的国家排放标准，有地方污染物排放标准的，应执行地方标准；当建设项目执行的环境保护标准国内尚未制定时，经生态环境主管部门同意后可参照执行国际通用标准或国外相关标准。一般采用当地功能区划确定标准或征求当地环保部门意见确定标准。输变电工程主要环境影响评价因子具体见表 4-3。

表 4-3　　　　　输变电工程主要环境影响评价因子汇总表

评价阶段	评价项目	现状评价因子	单位	预测评价因子	单位
施工期	声环境	昼间、夜间等效声级 L_{eq}	dB（A）	昼间、夜间等效声级 L_{eq}	dB（A）
	生态环境	生物量等	—	生物量等	—
运行期	电磁环境	工频电场	V/m	工频电场	V/m
		工频磁场	μT	工频磁场	μT
		合成电场	kV/m	合成电场	kV/m
	声环境	昼间、夜间等效声级 L_{eq}	dB（A）	昼间、夜间等效声级 L_{eq}	dB（A）
	地表水	pH 值、COD、BOD_5、NH_3-N、石油类	mg/m³	pH 值、COD、BOD_5、NH_3-N、石油类	mg/m³

注　pH 值无量纲。

3. 评价工作等级

（1）电磁环境影响评价工作等级。根据《环境影响评价技术导则　输变电工程》（HJ 24—2014），确定电磁环境影响评价工作等级，详见表4-4。

表4-4　　　　　　　　输变电工程电磁环境影响评价工作等级

分类	电压等级	工程	条件	评价工作等级
交流	110kV	变电站	户内式、地下式	三级
			户外式	二级
		输电线路	1.地下电缆 2.边导线地面投影外两侧各10m范围内无电磁环境敏感目标的架空线	三级
			边导线地面投影外两侧各10m范围内有电磁环境敏感目标的架空线	二级
	220～330kV	变电站	户内式、地下式	三级
			户外式	二级
		输电线路	1.地下电缆 2.边导线地面投影外两侧各15m范围内无电磁环境敏感目标的架空线	三级
			边导线地面投影外两侧各15m范围内有电磁环境敏感目标的架空线	二级
	500kV	变电站	户内式、地下式	二级
			户外式	一级
		输电线路	1.地下电缆 2.边导线地面投影外两侧各20m范围内无电磁环境敏感目标的架空线	二级
			边导线地面投影外两侧各20m范围内有电磁环境敏感目标的架空线	一级
直流	±400kV 及以上	—	—	一级
	其他	—	—	二级

注　根据同电压等级的变电站确定开关站、串补站的电磁环境影响评价工作等级，根据
　　直流侧电压等级确定换流站的电磁环境影响评价工作等级。

（2）生态环境影响评价工作等级。根据《环境影响评价技术导则　生态影

响》（HJ 19—2011），确定生态环境影响评价工作等级，详见表4-5。

表 4–5　　　　　　　　　　生态环境影响评价工作等级

影响区域生态敏感性	工程占地（含水域）范围		
	面积不小于20km²或长度不小于100km	面积为 2 ~ 20km²或长度为 50 ~ 100km	面积不大于2km²或长度不大于50km
特殊生态敏感区	一级	一级	一级
重要生态敏感区	一级	二级	三级
一般区域	二级	三级	三级

（3）声环境影响评价工作等级。根据《环境影响评价技术导则　声环境》（HJ 2.4—2009），确定声环境影响评价工作等级。

声环境影响评价工作等级划分依据建设项目所在区域的声环境功能区类别、建设项目建设前后所在区域的声环境质量变化程度、受建设项目影响人口的数量。具体描述如下：

1）评价范围内有适用于《声环境质量标准》（GB 3096—2008）规定的 0 类声环境功能区域，以及对噪声有特别限制要求的保护区等敏感目标，或建设项目建设前后评价范围内敏感目标噪声级增高量达 5 dB(A) 以上 [不含 5dB(A)]，或受影响人口数量显著增多时，按一级评价。

2）建设项目所处的声环境功能区为《声环境质量标准》（GB 3096—2008）规定的 1 类、2 类地区，或建设项目建设前后评价范围内敏感目标噪声级增高量达 3dB(A) ~ 5dB(A)[含 5dB(A)]，或受噪声影响人口数量增加较多时，按二级评价。

3）建设项目所处的声环境功能区为《声环境质量标准》（GB 3096—2008）规定的 3 类、4 类地区，或建设项目建设前后评价范围内敏感目标噪声级增高量在 3 dB(A) 以下 [不含 3 dB(A)]，且受影响人口数量变化不大时，按三级评价。

（4）地表水环境影响评价工作等级。根据《环境影响评价技术导则　地表水环境》（HJ 2.3—2018），确定地表水环境影响评价工作等级。水污染影响型建设项目根据排放方式和废水排放量划分评价等级。根据输变电建设项目大都无工业废水排放及生活污水经处理后回用的实际，结合《环境影响评价技术导则　地表水环境》（HJ 2.3—2018）中表 1 的判定依据，输变电建设项目地表水环境影响评价工作等级一般取三级 B 或以分析说明为主。

4.评价范围

（1）电磁环境影响评价范围。输变电工程电磁环境影响评价范围详见表 4-6。

表 4-6 输变电工程电磁环境影响评价范围

分类	电压等级	评价范围		
		变电站、换流站、开关站、串补站	线路	
			架空线路	地下电缆
交流	110kV	站界外 30m	边导线地面投影外两侧各 30m	电缆管廊两侧边缘各外延 5m（水平距离）
	220 ～ 330kV	站界外 40m	边导线地面投影外两侧各 40m	
	500kV 及以上	站界外 50m	边导线地面投影外两侧各 50m	
直流	± 100kV 及以上	站界外 50m	极导线地面投影外两侧各 50m	

（2）生态环境影响评价范围。变电站、换流站、开关站、串补站、接地极生态环境影响评价范围为站场边界或围墙外 500m 内；不进入生态环境敏感区的输电线路段或接地极线路段生态环境影响评价范围为线路边导线地面投影外两侧各 300m 内的带状区域，进入生态环境敏感区的输电线路段或接地极线路段生态环境影响评价范围为线路边导线地面投影外两侧各 1000m 内的带状区域。

（3）声环境影响评价范围。

1）变电站、换流站、开关站、串补站。变电站、换流站、开关站、串补站的声环境影响评价范围根据评价等级合理选择。

（a）满足一级评价的要求，一般以建设项目边界向外 200m 为评价范围。

（b）二、三级评价范围可根据建设项目所在区域和相邻区域的声环境功能区类别及敏感目标等实际情况适当缩小。

（c）如依据建设项目声源计算得到的贡献值到 200m 处，仍不能满足相应功能区标准值时，应将评价范围扩大到满足标准值的距离。

2）输电线路。架空输电线路工程的声环境影响评价范围参照表 4-6 中相应电压等级线路的评价范围；地下电缆线路工程可不进行声环境影响评价。

（4）地表水环境影响评价范围。评价等级为三级 B 时，其评价范围应符合以下要求：

1）应满足其依托污水处理设施环境可行性分析的要求。

2）涉及地表水环境风险的，应覆盖环境风险影响范围内的水环境保护目标水域。

5. 环境保护目标

附图并列表说明评价范围内各要素相应环境敏感区的名称、功能、与工程的位置关系以及应达到的环境保护要求。

应给出电磁环境、声敏感目标的名称、功能、分布、数量、建筑物楼层、高度、与工程的相对位置等情况。

应给出生态敏感区的名称、级别、审批情况、分布、规模、保护范围、具体保护对象，说明与工程的位置关系，并附生态敏感区的功能区划图（分层分区图）。

6. 评价重点

各要素评价等级在二级及以上时，应作为评价重点。根据电网建设项目的环境影响评价工作等级，工程施工期的评价重点为生态环境影响，运行期的评价重点为电磁环境、声环境影响。

4.3.3　工程概况与工程分析

4.3.3.1　工程概况

1. 工程一般特性

包括工程名称、建设性质、地点、内容、规模、线路路径、站址、电压、电流、布局、塔型、线型、设备容量、跨越情况、职工人数等，并进行站址路径方案比选，应附区域地理位置图、总平面布置示意图、线路路径示意图（应明确线路与环境敏感区的相对位置关系）等。工程组成中应包括相关装置、公用工程、辅助设施等内容。直流工程应说明接地极系统情况。

2. 工程占地

包括永久和临时占地面积及类型，对工程占用基本农田、基本草原的情况也应列表说明。

3. 施工工艺和方法

包括施工组织、施工工艺和方法等。对于拆除线路应有拆除施工工艺。

4. 主要经济技术指标

包括投资额、建设周期、环保投资等。

5.已有工程情况

改扩建工程应说明本期工程与已有工程的关系。报告书应包括前期工程的环境问题、影响程度、环保措施及实施效果，以及主要评价结论等回顾性分析的内容。若前期工程已通过建设项目竣工环境保护验收，还应包括最近一期工程竣工环境保护验收的主要结论。

4.3.3.2　选线选址环境合理性分析

从可持续发展战略角度出发，分析评价输变电工程与所涉地区的相关规划（包括环境保护规划、生态保护红线、环境功能区划、生态功能区划等）的相符性；分析工程线路形式（单回路或多回路等）、线路路径、站址及总平面布置的环境合理性；分析工程是否尽量避开居住区、文教区、国家公园、自然保护区、风景名胜区、世界文化和自然遗产地、海洋特别保护区、饮用水水源保护区等环境敏感区。

对分析中发现的相关问题提出对策措施，必要时给出工程线路、站址选择或调整的避让距离要求。

对于确实无法避让的国家公园、自然保护区、风景名胜区、世界文化和自然遗产地、海洋特别保护区、饮用水水源保护区等环境敏感区，应说明方案选择的环境合理性和与法律法规的相符性。

给出项目经过生态保护区路径的唯一性分析。

4.3.3.3　环境影响因素识别与评价因子筛选

对工程在施工期的噪声、废水、扬尘、弃渣、生态影响等环境影响因素进行分析。

运行期的环境影响因素分析以正常工况为主。分析各环境影响因素，包括电磁、生态、噪声、废水等的产生、排放、控制情况。

对电磁及噪声源应说明其源强及分布，对废水排放源应说明种类、数量、处理方式、排放方式与去向等。

在环境影响因素识别的基础上，进行施工期和运行期的评价因子筛选，明确评价参数。

4.3.3.4　生态环境影响途径分析

对施工期，主要从选线选址、施工组织、施工方式、生态敏感区的影响等方面分析工程的生态环境影响途径。

对运行期，主要从运行维护角度分析工程的生态环境影响途径。

4.3.4 环境现状调查与评价

4.3.4.1 区域概况

包括行政区划、地理位置、区域地势、交通等，并附地理位置图。

4.3.4.2 自然环境

1. 地形、地貌

根据现有资料，概要说明工程所涉区域的地形特征、地貌类型（山地、丘陵、平原、河网等）。若无可查资料，应做必要的现场调查。

2. 地质

根据现有资料，概要说明工程所涉区域的地质状况。

3. 水文特征

根据现有资料，概要说明工程所涉水体与工程的关系及其水文特征。

4. 气候、气象特征

利用工程所在地气象台（站）的现有统计资料，概要说明所涉区域的气候、气象特征。

4.3.4.3 电磁环境现状评价

1. 监测因子

（1）交流工程：工频电场、工频磁场。

（2）直流工程：合成电场。

（3）换流站工程：工频电场、工频磁场、合成电场。

2. 监测点位及布点方法

监测点位包括电磁环境敏感目标、输电线路路径和站址。

敏感目标的布点方法以定点监测为主；对于无电磁环境敏感目标的输电线路，需对沿线电磁环境现状进行监测，尽量沿线路路径均匀布点，兼顾行政区、环境特征及各子工程的代表性；站址的布点方法以围墙四周均匀布点为主，如新建站址附近无其他电磁设施，可在站址中心布点监测。

监测点位附近如有影响监测结果的其他源项存在时，应说明其存在情况并分析其对监测结果的影响。

有竣工环境保护验收资料的变电站、换流站、开关站、串补站改扩建工程，可仅在扩建端补充测点；如竣工验收中扩建端已进行监测，则可不再设测点；若运行后尚未进行竣工环境保护验收，则应以围墙四周均匀布点监测为主，并在高压侧或距带电构架较近的围墙外侧以及间隔改扩建工程出线端适当增加监测点位，并给出已有工程的运行工况。给出监测布点图。

敏感目标监测点位要求按照电磁评价等级规定进行布设，原则上每个敏感目标均进行监测；输电线路沿线无电磁环境敏感目标时，输电线路沿线电磁环境现状监测的点位数量要求见表4-7。分析监测布点的代表性。

表 4-7　　　　　　　输电线路沿线电磁环境现状监测点位数量要求

线路路径长度（L）范围（km）	L < 100	100 ≤ L < 500	L ≥ 500
最少测点数量	2个	4个	6个

3. 监测频次

各监测点位监测一次。

4. 监测方法及仪器

按照《交流输变电工程电磁环境监测方法（试行）》（HJ 681—2013）、《直流换流站与线路合成场强、离子流密度测量方法》（DL/T 1089—2008）进行交直流电磁环境现状监测。

5. 监测结果

列表给出监测结果，同时可辅以图、线形式说明，并附质量保证的相关资料。注意异常数据的说明。

6. 评价及结论

对照评价标准进行评价，并给出评价结论。

4.3.4.4　声环境现状评价

声环境现状调查和评价的内容、方法、监测布点参照《环境影响评价技术导则　声环境》（HJ 2.4—2009）中声环境现状调查和评价的工作要求执行。声环境现状监测的方法按照《声环境质量标准》（GB 3096—2008）、《工业企业厂界环境噪声排放标准》（GB 12348—2008）的规定执行。注意异常数据的说明。

4.3.4.5　生态环境现状评价

参照《环境影响评价技术导则　生态影响》（HJ 19—2011）的要求，依据本章中要求确定的评价等级和范围，开展生态环境现状调查和评价。

4.3.4.6　地表水环境现状评价

概要说明输变电工程污水受纳水体的环境功能及现状。

4.3.5 施工期环境影响评价

1. 生态环境影响评价

按照《环境影响评价技术导则 生态影响》（HJ 19—2011）的规定，依据本章中要求确定的评价等级和范围，开展生态环境影响评价。对于直流输电工程，生态环境影响评价应包含其接地极系统。

2. 声环境影响分析

按照《环境影响评价技术导则 声环境》（HJ 2.4—2009）的规定执行。从对周边声环境敏感目标产生的不利影响的时间分布、时间长度及控制作业时段、优化施工机械布置等方面进行分析。

3. 施工扬尘分析

主要从文明施工、防止物料裸露、合理堆料、定期洒水等施工管理及临时预防措施方面进行分析。

4. 固体废物影响分析

主要从弃渣、施工垃圾、生活垃圾等处理措施方面进行分析。

5. 污水排放分析

主要从文明施工、合理排水、防止漫排等施工管理及临时预防措施方面进行分析。

4.3.6 运行期环境影响评价

1. 电磁环境影响预测与评价

站式工程：采用类比评价的方法，通过对相似类型站进行类比监测来评价本工程建成投运后产生的电磁环境影响。

线路工程：采用类比监测和模式预测相结合的方法进行电磁环境影响预测评价。

（1）类比评价。

1）选择类比对象。类比对象的建设规模、电压等级、容量、总平面布置、占地面积、架线型式、架线高度、电气形式、母线形式、环境条件及运行工况应与拟建工程相类似，并列表论述其可比性。

类比评价时，如国内没有同类型工程，可通过搜集国外资料、模拟试验等手段对取得的数据、资料进行评价。

2）类比监测因子。

（a）交流工程：工频电场、工频磁场。

（b）直流线路工程：合成电场。

（c）换流站工程：工频电场、工频磁场、合成电场。

3）监测方法及仪器。按照《交流输变电工程电磁环境监测方法（试行）》（HJ 681—2013）、《直流换流站与线路合成场强、离子流密度测量方法》（DL/T 1089—2008）的规定选择。

4）监测布点。对于类比对象涉及的电磁环境敏感目标，为定量说明其对敏感目标的影响程度，也可对相关敏感目标进行定点监测。

选择监测路径时应考虑结果是否能反映主要源项的影响。给出监测布点图。

5）类比结果分析。类比结果应以表格、趋势图线等方式表达。

分析类比结果的规律性、类比对象与拟建工程的差异；分析预测输变电工程电磁环境的影响范围、满足对应标准或要求的范围、最大值出现的区域范围，并对其正确性及合理性进行论述。

对于架空输电线路的类比监测结果，必要时进行模式复核并分析。

（2）架空线路工程模式预测及评价。

1）预测因子。

（a）交流线路工程：工频电场、工频磁场。

（b）直流线路工程：合成电场。

2）预测模式。工频电场强度的预测模式参见《环境影响评价技术导则　声环境》（HJ 2.4—2009）附录 C；工频磁场强度的预测模式参见《环境影响评价技术导则　声环境》（HJ 2.4—2009）附录 D。双极直流架空线路合成电场强度的预测参见《环境影响评价技术导则　声环境》（HJ 2.4—2009）附录 E 中的计算方法。

3）预测工况及环境条件的选择。模式预测应给出预测工况及环境条件，应针对电磁环境敏感目标和特定工程条件及环境条件，合理选择典型情况进行预测。塔型选择时，可主要考虑线路经过居民区时的塔型，也可按保守原则选择电磁环境影响最大塔型。

4）预测结果及评价。预测结果应以表格和等值线图、趋势线图的方式表述。预测结果应给出最大值，并给出最大值、符合《电磁环境控制限值》（GB 8702—2014）限值的对应位置，给出典型线路段的电磁环境预测达标等值线图。

对于电磁环境敏感目标，根据建筑物高度，给出不同楼层的预测结果。

（3）交叉跨越和并行线路环境影响分析。多条 330kV 及以上电压等级的输电线路工程出现交叉跨越或并行时，可采用模式预测或类比监测的方法，从跨越净空距离、跨越方式、并行线路间距、环境敏感特性等方面，对电磁环境影响评价因子进行分析。并行线路中心线间距小于 100m 时，应重点分析其对环境敏感目标的综合影响，并给出对应的环境保护措施。

（4）电磁环境影响评价结论。根据现状评价、类比评价、模式预测及评价结果，综合评价输变电工程的电磁环境影响。

2. 声环境影响预测与评价

（1）线路工程类比评价。

1）选择类比对象。线路工程的噪声影响可采取类比监测的方法确定，并以此为基础进行类比评价。类比对象应选择与拟建工程建设规模、电压等级、容量、架线型式、线高、环境条件及运行工况类似的工程，并充分论述其可比性。

2）监测方法及仪器。按照《工业企业厂界环境噪声排放标准》（GB 12348—2008）的规定选择。

3）监测布点。

（a）类比线路工程噪声贡献值。对类比对象应以导线弧垂最大处线路中心的地面投影点为监测原点，沿垂直于线路方向进行，测点间距不大于 5m，依次监测至评价范围边界处。

（b）类比声环境敏感目标。在类比对象周边的声环境敏感目标适当布点进行定点监测，并记录监测点与类比对象的相对位置。

4）类比分析评价结论。类比结果应以表格或图线等方式表达。

根据线路工程噪声影响的类比监测结果，分析线路工程噪声贡献值，预测线路工程噪声的影响范围、满足对应标准的范围、最大值出现的区域范围，并对其正确性及合理性进行论述。预测工程对周边声环境敏感目标的影响程度，必要时提出采取的减缓和避让措施。

特高压工程也可采用美国邦维尔电力局（BPA）推荐公式进行预测。

（2）模式预测及评价。

1）预测模式。对于变电站、换流站、开关站、串补站的声环境影响预测，可采用《环境影响评价技术导则　声环境》（HJ 2.4—2009）中的工业声环境影响预测计算模式进行。主要声源的源强可选用设计值，也可通过类比监测确定。

进行厂界声环境影响评价时，新建建设项目以工程噪声贡献值作为评价量；改扩建建设项目以工程噪声贡献值与受到现有工程影响的厂界噪声值叠加后的预测值作为评价量。

进行敏感目标声环境影响评价时，以敏感目标所受的噪声贡献值与背景噪声值叠加后的预测值作为评价量。

2）预测结果及评价。预测结果应以表格和等声级图的方式表达。

对照标准，评价预测结果。

3）声环境影响评价结论。在现状评价、类比评价、模式预测的基础上，综合评价工程的声环境影响，提出噪声治理、减缓的工程措施，必要时提出避让敏感目标的措施。

3.地表水环境影响分析

主要从生活污水水量、处理方式、排放去向、受纳水体以及处理达标情况等方面对站式工程的地表水环境影响进行分析。换流站存在冷却水外排受纳水体时，主要从水量、处理方式、主要影响因子（总磷、化学需氧量）达标情况等方面进行评价。

4.固体废物影响分析

对变电站、换流站等站内废铅酸蓄电池、废矿物油、生活垃圾等固体废物来源、数量进行分析，提出贮存条件，并明确处置、处理要求。

5.环境风险分析

对变压器、高压电抗器、换流器等事故情况下漏油时可能的环境风险进行简要分析，主要分析事故油坑、油池设置要求，事故油污水的处置要求。

4.3.7 环境保护措施及其技术、经济论证

1.环保措施论证

明确提出建设项目建设阶段、运行阶段拟采取的具体污染防治、生态保护、环境风险防范等环境保护措施；分析论证拟采取措施的技术可行性、经济合理性、长期稳定运行和达标排放的可靠性、满足环境质量改善的可行性、生态保护和恢复效果的可达性。

2.环保措施及投资估算

环境保护投资应包括为预防和减缓建设项目不利环境影响而采取的各项环境保护措施和设施的建设费用、运行维护费用，直接为建设项目服务的环境管理与监测费用以及相关科研费用。

4.3.8 环境管理与监测计划

1.环境管理

环境管理应从环境管理机构、施工期环境管理、竣工环境保护验收、运行期

环境管理、环境保护培训、与相关公众的协调等方面做出规定。

环境管理的任务应包括环境保护法规、政策的执行，环境管理计划的编制，环境保护措施的实施管理，提出设计、招投标文件的环境保护内容及要求，环境质量分析与评价，环境保护科研和技术管理等。

根据工程管理体制与环境管理任务设置环境管理体制、机构和人员。

提出降低或减缓因邻近线路工程（330kV 及以上），由静电引起的电场刺激等实际影响的具体要求，并建立该类影响的应对机制。

2. 环境监测

（1）环境监测任务。

1）制订监测计划，监测工程施工期、运行期环境要素及因子动态变化。

2）对工程突发性环境事件进行跟踪监测调查。

（2）监测点位布设。应针对施工期和运行期受影响的主要环境要素及因子。监测点位应具有代表性，并优先选择已有监测点位。

（3）监测技术要求。

1）监测范围应与工程影响区域相符。

2）监测位置与频次应根据监测数据的代表性、生态环境质量的特征、变化和环境影响评价、工程竣工环境保护验收的要求确定。

3）监测方法与技术要求应符合国家现行的有关环境监测技术规范和环境监测标准分析方法。

4）监测成果应在原始数据基础上进行审查、校核、综合分析后整理编印。

5）应对监测提出质量保证要求。

4.3.9　环境影响评价结论

对输变电工程的建设概况、环境现状与主要环境问题、污染物排放情况、主要环境影响、公众意见采纳情况、环境保护措施、环境管理与监测计划等内容进行概括总结，结合环境质量目标要求，明确给出建设项目的环境可行性结论。

对存在重大环境制约因素、环境影响不可接受、环境保护措施经济技术不满足长期稳定达标及生态保护要求的输变电工程，应提出环境影响不可行的结论。

4.3.10　附件和附录

附件应包括环评委托书、相关主管部门批文或意见；还可包括输变电工程依据文件、环境现状及类比监测质量保证文件、引用文献资料及其他必要文件、资料等。

对工程环境影响报告书中涉及国家秘密、商业秘密、个人隐私以及涉及国家安全、公共安全、经济安全和社会稳定等内容纳入支持性材料，单独成册，仅用于技术审评和专家审查。

4.3.11 公众参与说明

根据《环境影响评价公众参与办法》（生态环境部令第4号），依法应当编制环境影响报告书的建设项目的环境影响评价应开展公众参与工作，编制环境影响评价公众参与说明。具体内容：

（1）首次环境影响评价信息公开情况，包括公开内容及日期、公开方式、符合性分析、公众意见情况。

（2）征求意见稿公示情况，包括公示内容及时限、公示方式、查阅情况、公众提出意见情况。

（3）其他公众参与情况。

（4）公众意见处理情况。

（5）其他及诚信承诺。

4.4 环评文件内审管理要点

4.4.1 内审工作要求

环评文件内审工作由建设单位的项目前期管理部门或其委托的机构组织，内审应在初步设计评审前完成。

1.内审工作程序

（1）内审工作准备。建设单位或建设管理单位开展电网建设项目环评文件内审自查工作。

（2）提交内审申请。在满足内审申请条件后，由建设单位或建设管理单位向内审机构提出内审申请。所提交的内审申请材料经初审并确认材料齐全的，内审机构受理内审申请。

（3）环评文件内审。内审机构组织专家函审环评文件，对环评文件存在的问题提出审查意见、问题清单和修改意见，形成内审意见。必要时可以组织内审会，邀请建设单位或建设管理单位、环评单位、设计单位等相关单位代表和专家参加，根据内审会中各方意见进行汇总，形成内审意见。

（4）内审意见反馈。内审机构出具内审意见，及时反馈至建设单位或建设管理单位。

（5）环评文件修改审核。建设单位或建设管理单位应及时督促环评单位对照内审提出的问题清单和修改意见修改完善环评文件，并报送内审机构复核。环评文件复核无异议后，内审机构将复核结果反馈至建设单位或建设管理单位。

（6）环评文件送审。环评文件经内审通过后，建设单位或建设管理单位按照项目管理职责提交《建设项目环境影响报告表（书）送审稿》报送有相应审批权的生态环境主管部门进行审批。电网建设项目环评文件内审工作流程见图 4-3。

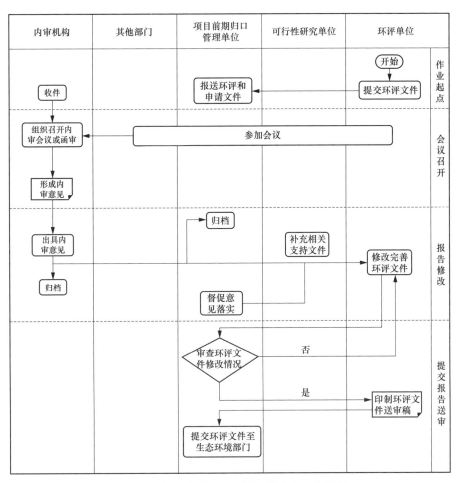

图 4-3　电网建设项目环评文件内审工作流程

2.内审总体原则

（1）审查应依据国家或地方现行环境保护法律、法规、部门规章、技术规范、标准等，且与环境影响评价文件采用相同的依据。

（2）审查可综合考虑相关学科和行业专家及相关部门的意见，并听取项目所在地生态环境主管部门的意见。

（3）审查过程中应与环评单位充分交流沟通。

（4）审查应根据建设项目行业特点和环境影响特征，针对工程可能存在的环境问题，从影响因子、影响方式、影响范围、影响程度、环境保护措施等方面进行重点评估，明确重大环境问题的审查结论。

3.内审不予通过的情形

（1）项目选址、布局、规模等不符合环境保护法律法规和相关法定规划的。

（2）项目采取的污染防治措施无法确保污染物排放达到国家和地方排放标准，或者未采取必要措施预防和控制生态破坏的。

（3）改建、扩建和技术改造项目，未针对项目原有环境污染和生态破坏提出有效防治措施的。

（4）环境影响报告书（表）基础资料数据明显不实，内容存在重大缺陷、遗漏，或者环境影响评价结论不明确、不合理的。

4.4.2　内审要点

1.程序合法性

项目是否委托、项目是否按程序开展公众参与、经过生态敏感区（国家公园、自然保护区、风景名胜区、饮用水水源保护区、世界文化和自然遗产地、海洋特别保护区）是否取得相应的主管部门同意、是否存在未批先建、监测单位是否具有相应资质等。

2.工程概况

（1）新建工程。

1）工程内容介绍应完整，不存在漏项，相关装置、公用工程、辅助设施等与工程建设直接相关的工程内容需作说明。

2）通过环境条件和工程条件的比选，审查工程选址的环境合理性，工程应尽量避让：①自然保护区、风景名胜区、世界文化和自然遗产地、海洋特别保护区、饮用水水源保护区；②以居住、医疗卫生、文化教育、科研、行政办公等为主要功能的区域，关注选址、选线替代方案的可行性。

（2）改扩建工程。说明现有工程情况，明确现有工程是否存在环保遗留问题，"以新带老"措施解决问题可行性，依托关系，扩建工程内容介绍完整，不存在漏项。

3.政策相符性

（1）审查项目与环境保护法律、法规以及规范性文件的相符性。

（2）审查项目建设与国家和地方环境保护政策的相符性；与国家和地方生态保护规划的符合性，包括项目的环境影响与生态保护规划所确定的目标、措施的符合性，项目是否满足所在地区环境功能区划的要求，是否取得相应的政府主管部门意见。

4.编制依据

编制依据应是现行有效的最新版本且引用准确，相关文件齐备。

5.评价因子

审查工程施工期和运行期环境影响评价因子的完整性和准确性，施工期应包括生态、噪声、废水、扬尘、弃渣等环境影响评价因子，运行期应包括电磁、噪声、废水等环境影响评价因子。

6.评价标准

（1）根据工程建设所在区域的环境特点和环境质量功能区分类，审查执行的相应环境要素的国家或地方标准、控制限值的适用性和正确性。

（2）污染物排放标准应优先考虑执行地方标准。

7.评价工作等级

（1）评价因子工作等级的划分、内容符合相关导则要求。

（2）新建工程电磁环境影响评价工作应全面、详细、深入。

8.评价范围

审查评价范围的准确性，需关注项目对周围的电磁环境敏感程度。

9.环境保护目标

（1）审查环境保护目标识别的全面性和准确性，应关注各区域执行的环境功能区类别。环评阶段，环境影响评价范围内明确属于工程拆迁的建筑物不列为环境敏感目标，不进行环境影响评价。

（2）环境保护目标的基本情况应介绍清楚，包括名称、性质、与工程的相对位置关系、需要达到的保护要求及存在的环境问题等。

（3）相关图件清晰、列表内容清楚。

10. 环境现状调查与评价

（1）区域环境。应包括行政区划、地理位置、区域地势等，并附地理位置图。

（2）自然环境。应包括地形地貌、地质、水文特征、气候气象特征等内容。

（3）电磁环境。应关注监测布点及监测值能否反映评价范围电磁环境水平，尤其是在评价范围内有产生噪声的其他在建项目、已批复环境影响评价文件的拟建项目。

11. 施工期环境影响评价

（1）生态环境影响评价。应按照《环境影响评价技术导则 生态影响》（HJ 19—2011）的规定，根据所确定的评价等级和范围，开展生态环境影响评价。

（2）声环境影响分析。应按照《环境影响评价技术导则 声环境》（HJ 2.4—2009）的规定，从对周边噪声敏感目标产生的不利影响的时间分布、长度及控制作业时段、优化施工机械布置等进行分析。

（3）施工扬尘。主要从文明施工、防止物料裸露、合理堆料、定期洒水等施工管理及临时预防措施方面进行分析。

（4）固体废物影响分析。主要从弃渣、施工垃圾、生活垃圾等处理措施方面进行分析。

（5）污水排放分析。主要从文明施工、合理排水、防止漫排等施工管理及临时预防措施方面进行分析。

（6）地面水环境。应明确项目涉及的河流、湖泊、水库等，重点关注改扩建项目中变电站前期工程（换流站、开关站、串补站）的污水处理措施，明确其是否正常运行及是否存在环境问题。拟建线路跨越水体情况。

12. 运行期环境影响评价

（1）电磁环境影响预测与评价。应重点关注预测方案、预测模型参数及预测结果等内容：类比分析是否具有可比性，类比监测是否是近几年；预测模型参数主要考虑计算步长选取的合理性和代表性；是否按导则进行预测；预测结果是否满足标准；预测结果分析中确定的导线高度以及为确保电磁环境达标所采取的环境保护措施的合理性等。

（2）声环境影响预测与评价。应重点关注预测方案、预测模型参数、预测结果。预测参数值以及计算步长选取的合理性和代表性；变电站（换流站、开关站、串补站）预测需关注噪声源强数据的可靠性，并给出变电站（换流站、开关站、串补站）等声级线图；预测结果应包括噪声预测值最大值及最大值点位置，确保工程满足噪声环境质量、厂界相应类别标准。有条件的单位应对电磁、噪声影响进行复核计算。

（3）地表水环境影响分析。应关注工程建设与流域、区域水质目标的符合性，审查项目建设对河道和水体的影响。拟建变电站（换流站、开关站、串补站）应明确采取的污水防治措施及排放去向；拟建线路涉及跨越水体的，应明确其是否在水体中立塔及其环境影响情况。

（4）固体废物影响分析。应对变电站（换流站、开关站、串补站）内废旧蓄电池、生活垃圾等固体废物来源、数量进行分析，提出贮存条件，并明确处置、处理要求。

（5）环境风险分析。应对主变压器、高压电抗器、换流变压器等事故情况下漏油时可能的环境风险进行简要分析，主要分析事故油坑、油池设置要求，事故油污水的处置要求。

13. 环境保护措施及其可行性论证

（1）审查工程在建设、运行阶段拟采取的具体电磁、声、水及生态环境等措施，环境风险防范措施的合理性、可行性；拟采取措施的技术可行性、经济合理性、长期稳定运行和达标的可靠性、生态保护和恢复效果的可达性。

（2）给出各项环境保护措施和环境风险防范措施的具体内容、责任主体、实施时段，估算环境保护投入，明确资金来源。环境保护投入包括为预防和减缓建设项目不利环境影响而采取的各项环境保护措施和设施的建设费用、运行维护费用，直接为建设项目服务的环境管理与监测费用及相关科研费用。

14. 环境管理与监测计划

（1）设置环境管理体制、管理机构和人员。提出降低或减缓因邻近线路工程（330kV 及以上），由静电引起的电场刺激等实际影响的具体要求，并建立该类影响的应对机制。

（2）应制订环境监测计划，监测工程施工期、运行期环境要素及评价因子的动态变化；对工程突发性环境事件进行跟踪监测。根据施工进度安排和运行期环境要素及评价因子的动态变化、敏感目标分布、项目特点等，审查监测方案的合理性。监测点位布设应针对施工期和运行期受影响的主要环境要素及评价因子，监测点位应具有代表性，并优先选择已有监测点位。

15. 环境影响评价结论

（1）工程环境影响评价结论应与各章节结论一致，明确给出建设项目的环境影响可行性结论。

（2）环境影响评价结论应包括建设概况、环境质量现状、各环境要素影响分析、公众意见采纳情况、环境保护措施及其技术和经济论证、环境管理与监测计划等内容。

（3）对存在重大环境制约因素、环境影响不可接受或环境风险不可控、环境问题突出且整治计划不落实或不能满足环境质量改善目标的工程，应明确环境影响不可行的结论。

《环境影响评价公众参与说明》重点审查程序合法性、是否按照管理办法开展公众参与等。

环评文件内审技术要点见表4-8。

表 4-8　　　　　　　　　　　　环评文件内审技术要点

序号		审查要点	
1		编制依据是否准确、无遗漏，且均为现行有效版本	
2		各评价因子的评价标准、评价等级、评价范围的确定是否符合相关导则要求	
3	总则	环境保护目标识别是否全面、准确，环境保护目标的基本情况是否介绍清楚（名称、性质、与工程的相对位置关系、需要达到的保护要求及存在的环境问题等），相关图件是否清晰，列表内容是否清楚	
4		环评文件格式、附件、附图是否符合相关导则要求；可行性研究方案生态敏感区环评复核意见表是否完整	
5		其他意见	
6	工程总体情况	项目名称是否规范；工程内容介绍是否完整，是否存在漏项；建设地点、工程规模与设计是否一致；线路路径、变电站平面布置、变压器布置与设计是否一致	
7		改扩建项目，前期工程情况是否完整，特别是环保设施情况是否介绍清楚，是否存在环保遗留问题	
8		选址选线环境合理性分析	是否附当地有关部门关于同意选址选线的意见，当工程方案涉及生态类环境敏感区时，是否有相应政府主管部门的意见
9			对于确实无法避让的环境敏感区，敏感区中跨越位置是否合理，是否论证路径方案选择的环境合理性，以及与法律法规的相符性

序号		审查要点	
10	工程总体情况	选址选线环境合理性分析	区域内涉及的自然保护区、饮用水源保护区、风景名胜区、世界自然和文化遗产地是否有功能区划图
11		其他意见	
12	环境现状调查	环境现状（区域概况、自然环境、电磁环境、声环境、生态环境、地表水环境等）调查的内容是否全面，评价方法是否合理，评价结果是否准确、可信；现状监测的监测因子、监测点位、布点方法是否有代表性，监测频次、监测方法、监测仪器是否符合相关规定，是否附监测点位布置图，监测结果和评价结果是否准确、可信	
13		改扩建工程是否调查了现有工程噪声排放现状、敏感点声环境质量达标现状；调查结果是否合理、可靠	
14		相关评价标准是否与当地生态环境主管部门沟通复核，确定的声环境质量标准是否符合所在区域的环境特点和环境质量功能区，噪声排放标准是否符合标准规范	
15		其他意见	
16	环境影响分析	施工期环境影响（生态环境、声环境、施工扬尘、固体废物、污水排放）是否描述清楚，满足相关导则要求	
17		运行期环境影响评价	运行期环境影响（电磁环境、声环境、固体废物、污水排放、生态环境）是否描述清楚，满足相关导则要求
18			电磁环境、声环境影响采用的预测模式（方法）、参数的选择是否合理、正确，预测内容是否完整，预测评价结果是否准确、可信；类比预测引用的数据是否满足可比性要求
19		其他意见	
20	环境保护设（措）施	噪声防治设施中是否结合排放现状进行了降噪设计；降噪方案是否技术可行、经济合理和稳定达标	
21		危废防范设施中是否明确事故油池容积设计要求及其与环保要求是否相符，是否设有油污排放处理装置	
22		污水防治设施中变电站是否为雨污分流，变电站污水排放去向是否明确，生活污水回用是否可行	

续表

序号		审查要点
23	环境保护设（措）施	生态敏感区污染防治措施中跨越位置是否合理
24		环保投资估算是否合理
25		其他意见
26	环境管理与监测计划	环境管理内容是否描述详细、完整
27		监测计划方案是否合理，监测范围是否合适，监测点位、监测频次是否合理
28		验收一览表的内容是否完整、准确
29		其他意见
30	结论	环境影响评价结论是否明确，是否与各章节评价结论一致；环评单位提出的建议是否明确、合理、可行，对下阶段设计建议是否明确、合理；对生态敏感区环境影响评价的建议是否合理、可行
31		其他意见

本章小结

建设单位或建设管理单位委托的环评单位应依照环境保护法律法规和标准规范编制环评文件，并加强与可行性研究单位、设计单位的衔接配合，提出合理避让环境敏感区及生态保护红线的建议，确保环评结论合理，提出的环境保护措施切实可行。

内审组织者应要求环评单位与生态环境主管部门及可行性研究、设计单位加强沟通联系，确保环评文件所采用的环境质量标准和采取的环保措施有效落实。

第 5 章　工程设计生态环境保护管理

5.1　初步设计阶段生态环境保护管理要点

电网建设项目配套建设的环境保护设施，必须与主体工程同时设计、同时施工、同时投产使用（简称"三同时"），初步设计阶段是建设项目执行环境保护"三同时"的第一环节，也是最为关键的一环。为落实电网建设项目环境保护措施，建设单位或建设管理单位应协调环评单位和设计单位，在设计中落实相关设计规范的环境保护要求和环评文件及生态环境主管部门批复中提出的各项环境保护对策措施。

5.1.1　环评复核

电网建设项目初步设计阶段，建设单位或建设管理单位应安排项目环评单位就初步设计方案进行环评复核。对正在编制环评文件的项目，环评单位应就初步设计方案与拟环评的方案进行比较，明确初步设计方案中是否遗漏生态敏感区、是否进入法律禁入区域、所取协议文件及主要环保措施是否满足环评文件编制要求，填写《电网建设项目初步设计方案生态敏感区和环保措施环评复核意见表》（见表5-1），环评单位应按照初步设计方案编制环评文件；对已取得生态环境主管部门批复的项目，环评单位应就初步设计所采用的工程方案与环评时的方案进行比较，根据原中华人民共和国环境保护部《输变电建设项目重大变动清单（试行）》（环办辐射〔2016〕84号）的界定原则评判是否存在重大变动，存在重大变动情形的环评单位应当在实施前对变动内容进行环境影响评价并重新报批环评文件，不存在重大变动的均需复核初步设计方案中是否遗漏生态敏感区、是否进入法律禁入区域、所取协议文件及主要环保措施是否满足环评文件和生态环境主管部门的批复要求，填写《电网建设项目初步设计方案生态敏感区和环保措施环评复核意见表》。以上两种情形，建设单位或建设管理单位均应协调项目设计单位根据《电网建设项目初步设计方案生态敏感区和环保措施环评复核意见表》，落实环评单位的复核建议。

电网建设项目初步设计阶段环评复核要求见表5-2。

表 5-1 电网建设项目初步设计方案生态敏感区和环保措施环评复核意见表

环评单位填写人：

审核人：　　　　　　　　　　　　　　　　　　　　　　　日期：

工程基本信息		
项目名称		
建设管理单位（盖章）	项目性质	□新　□改　□扩　□技术改造
环评单位（盖章）	设计单位（盖章）	
工程规模复核意见		
项目规模		复核结论及建议（设计单位填写）
站址		复核结论及建议（设计单位填写）
路径		复核结论及建议（设计单位填写）
生态环境敏感区复核意见						

序号	名称	级别	地点	与工程的位置关系	可行性研究是否遗漏	是否进入环保相关法律禁入区域	是否取得协议	协议是否满足环评审批要求	复核结论及建议（设计单位填写）
1	××自然保护区				□是 □否	□是 □否	□是 □否	□是 □否	
2	××风景名胜区				□是 □否	□是 □否	□是 □否	□是 □否	
3	××饮用水水源保护区				□是 □否	□是 □否	□是 □否	□是 □否	
4	××世界文化和自然遗产地				□是 □否	□是 □否	□是 □否	□是 □否	

续表

序号	名称	级别	地点	与工程的位置关系	可行性研究是否遗漏	是否进入环保相关法律禁入区域	是否取得协议	协议是否满足环评审批要求	复核结论及建议（设计单位填写）
5	× × 生态红线				□是□否	□是□否	□是□否	□是□否	
6	…				□是□否	□是□否	□是□否	□是□否	

重大变动复核意见

序号	重大变动清单内容	是否发生	结论及建议（设计单位填写）
1	电压等级升高	□是□否	
2	主变压器、换流变压器、高压电抗器等主要设备总数量增加超过原数量的 30%	□是□否	
3	输电线路路径长度增加超过原路径长度的 30%	□是□否	
4	变电站（换流站、开关站、串补站）站址位移超过 500m	□是□否	
5	输电线路横向位移超出 500m 的累计长度超过原路径长度的 30%	□是□否	
6	因输变电工程路径、站址等发生变化，导致进入新的自然保护区、风景名胜区、饮用水水源保护区等生态敏感区	□是□否	
7	因输变电工程路径、站址等发生变化，导致新增的电磁和声环境敏感目标超过原数量的 30%	□是□否	
8	变电站由户内布置变为户外布置	□是□否	
9	输电线路由地下电缆改为架空线路	□是□否	
10	输电线路同塔多回架设改为多条线路架设累计长度超过原路径长度的 30%	□是□否	

续表

环境保护设施及投资复核意见		
类别	环境保护设施	复核结论及建议（设计单位填写）
污水处理		
废（事故）油收集		
噪声控制		
其他		
环境保护措施及投资复核意见		
类别	环境保护措施	复核结论及建议（设计单位填写）
电磁环境		
声环境		
生态保护		
水环境		
设计单位其他意见：		

表 5-2 电网建设项目初步设计阶段环评复核要求

序号	进度	工作内容及分工	提交成果
1	初步设计方案提交时	环评单位复核是否遗漏生态敏感区、是否进入法律禁入区域、所取协议文件及主要环保措施是否满足环评文件编制要求	《电网建设项目初步设计方案生态敏感区和环保措施环评复核意见表》
		存在遗漏生态敏感区时，设计单位配合收集生态敏感区的分层、分区图，并取得相关协议	设计单位给出生态敏感区与工程的位置关系图、穿（跨）越段的长度、塔基数及占地面积、穿（跨）越原因，落实环评单位提出的相关建议
		存在进入法律禁入区域时，设计单位修改设计方案或取得有管理权限的政府主管部门的法律禁入区域调整文件	初步设计方案或相关文件
2	环评文件尚未报批的	环评单位依据新的初步设计方案编制环评文件	环评文件
		设计单位与环评单位对接，将环评文件提出的环保措施及环保设施落实到初步设计文件中	初步设计环境保护篇章
3	环评文件已通过生态环境主管部门审批	环评单位就初步设计方案与环评方案依据《输变电建设项目重大变动清单（试行）》（环办辐射〔2016〕84号）进行复核，建设项目存在重大变动的情形，由建设单位或建设管理单位重新报批环评文件。设计单位将环评文件提出的环保措施及环保设施落实到初步设计文件中	环评文件、初步设计环境保护篇章
		环评单位复核初步设计方案与环评方案比较，建设项目存在一般变动的情形，由建设单位原出具审批意见的生态环境主管部门备案。设计单位将环评文件及批复文件提出的环保措施及环保设施落实到初步设计文件中	备案文件、初步设计环境保护篇章

5.1.2 初步设计阶段分工

1.建设单位或建设管理单位

（1）结合初步设计方案，对未取得生态环境主管部门批复的项目，初步设计方案存在变动情形的，落实环评单位按照变动后的方案编制环评文件；对已取得生态环境主管部门批复的项目，对初步设计方案的重大变动界定后，存在重大变动情形的，落实环评单位就变动内容进行环境影响评价并重新报批。

（2）依据环评单位提交的《电网建设项目初步设计方案生态敏感区和环保措施环评复核意见表》，督促初步设计单位修改完善初步设计方案、补充办理协议文件。

（3）对存在进入法律禁入区域的方案需协调设计单位变更初步设计方案，并就变更后的初步设计方案安排环评单位进行环评复核。

（4）报送环评文件，跟踪环评批复进展情况，确保在项目开工前取得环评批复。

2.环评单位

（1）依据环评工作需要，跟踪初步设计工作进展。及时开展环评复核，填写《电网建设项目初步设计方案生态敏感区和环保措施环评复核意见表》，提交建设单位或建设管理单位。

（2）根据环评复核结果，对初步设计方案存在重大变动情形的，报批前修改环评文件或根据原中华人民共和国环境保护部《输变电建设项目重大变动清单（试行）》的界定原则评判存在重大变动情形的就变动部分重新编制环评文件。

（3）编制完成环评文件提交审查并修改完善；配合环评文件的报批，修改完善环评文件，直至取得有审批权的生态环境主管部门的批复。

3.设计单位

（1）初步设计方案基本确定后，按照环评复核所需收资要求及时向环评单位提交初步设计资料（见表5-3）。

（2）根据环评单位提交的《电网建设项目初步设计方案生态敏感区和环保措施环评复核意见表》，及时闭环处理并反馈给环评单位和建设单位或建设管理单位，必要时应修改初步设计方案或补充办理协议文件，确保项目的生态环境保护合法性。

（3）编制初步设计报告环境保护篇章，在初步设计方案中对照落实环评文件和环评批复中提出的各项环保措施。

表 5-3　　　　　　　　　设计单位提资内容及深度要求

序号	资料类别	资料主要内容	资料深度要求
1	基础图件资料	变电站（换流站）、接地极地理位置图和总体规划图	总体规划图应覆盖站址（极址）周围至少500m范围，且包含地形（标高）信息
		输电线路路径图	1:50000 路径图需涵盖线路两侧至少各2km范围、塔基位置初步定位
		生态环境敏感区图件	穿（跨）越生态环境敏感区域的名称、总体规划图及文本、与工程的位置关系图、穿（跨）越段的长度、塔基数及占地面积、穿（跨）越原因说明，线路方案的唯一性论证
			线路邻近2km范围内的生态环境敏感区名称、与工程的位置关系图
		工程卫片（航飞图件）	完整、详细、可解译
2	环境影响评价预测参数资料	变电张（换流站）噪声预测参数、噪声治理措施	变电站（换流站）电气总图（CAD格式）、土建总图（CAD格式）、噪声源源强、噪声源布置方位、噪声源数量、噪声源类型和尺寸、站内建筑物尺寸、防火墙高度、围墙高度等
			降噪措施方案、设施的具体位置、设施的尺寸、相关技术指标等
		线路环境影响预测参数	输电线路杆塔一览图、每回线路最大输送容量、额定电压、导线型号、分裂数、子导线半径、分裂间距、相序排列、挂线点空间位置、设计线高等
			工程本身并行线路间距、与其他相邻330kV及以上电压等级线路并行走线时的最小间距要求
		变电站（换流站）、线路初步设计说明书	需设立环境保护篇章

序号	资料类别	资料主要内容	资料深度要求
3	环境保护措施资料	设计采取的环境保护措施	变电站（换流站）和线路的电磁和噪声控制措施、生态保护措施、废水处理措施等
4	技经资料	工程投资概算报告	需涵盖环境保护的措施和设施的所有投资
5	支撑性协议资料	变电站（换流站）站址、接地极极址协议	站址、极址所在地县级（或以上）规划部门和国土部门（或人民政府）出具的同意文件
		输电线路路径协议	线路沿线县级（或以上）规划部门（或人民政府）出具的同意文件
		生态环境敏感区协议	线路穿（跨）越生态环境敏感区主管部门出具的同意文件

5.1.3 初步设计报告环境保护篇章编制内容

根据国务院《建设项目环境保护管理条例》的第十六条"建设项目的初步设计，应当按照环境保护设计规范的要求，编制环境保护篇章，落实防治环境污染和生态破坏的措施以及环境保护设施投资概算"，综合国家、行业相关设计规范规定的初步设计环境保护内容深度要求，初步设计报告环境保护篇章编制应包括以下内容。

1. 总体要求

（1）输变电建设项目的初步设计、施工图设计文件中应包含相关的环境保护内容，编制环境保护篇章、开展环境保护专项设计，说明项目环评文件的环境影响主要结论及生态环境主管部门批复要求或其他政府主管部门的生态环境保护要求，落实防治环境污染和防止生态破坏的措施、设施及相应资金。

（2）改建、扩建输变电建设项目应采取措施，治理与该项目有关的原有环境污染和生态破坏。

（3）电磁、噪声、外排水等是否符合相应的标准限值要求。

（4）环评文件若已通过生态环境主管部门审批，则应进行重大变动辨识，存在重大变动的应重新报批环评文件。

2. 变电站

（1）说明站址区域的自然环境概况；说明环境影响情况。

（2）变电站工程应采取节水措施，加强水的重复利用，减少废（污）水排放。雨水和生活污水应采取分流制。

（3）变电站工程站内产生的生活污水宜考虑处理后纳入城市污水管网；不具备纳入城市污水管网条件的变电站工程，应根据站内生活污水产生情况设置生活污水处理装置（化粪池、地埋式污水处理装置、回用水池、蒸发池等），生活污水经处理后回收利用、定期清理或外排，外排时应严格执行相应的国家和地方水污染物排放标准相关要求。

（4）换流站循环冷却水处理应选择对环境污染小的阻垢剂、缓蚀剂等，循环冷却水外排时应严格执行相应的国家和地方水污染物排放标准相关要求。

（5）变电站工程噪声控制设计应首先从噪声源强上进行控制，选择低噪声设备；说明噪声源及噪声控制要求，进行噪声计算，提出相关控制措施；对噪声控制有特殊要求的变电站，应从设备选型及布置、建筑物型式及材料选择等方面，专题论述所采用的降噪措施。

（6）户外变电站工程总体布置应综合考虑声环境影响因素，合理规划，利用建筑物、地形等阻挡噪声传播，减少对声环境敏感目标的影响；在设计过程中应进行平面布置优化，将主变压器、换流变压器、高压电抗器等主要声源设备布置在站址中央区域或远离站外声环境敏感目标侧的区域。

（7）位于城市规划区 1 类声环境功能区的变电站应采用全户内布置方式。位于城市规划区其他声环境功能区的变电站工程，可采取户内、半户内等环境影响较小的布置方式。

（8）变电站的布置设计应考虑进出线对周围电磁环境的影响，根据电磁环境标准，提出相关控制措施。

（9）变电站工程应设置足够容量的事故油池及其配置的拦截、防雨、防渗等措施和设施。一旦发生泄漏，应能及时进行拦截和处理，确保油及油水混合物全部收集、不外排。

3. 架空输电线路

（1）对照环评文件，梳理线路是否避让沿线环境敏感点，并按照环评文件要求提出对应的措施。

（2）若环评文件尚未完成，设计单位可与环评单位沟通协调，使初步设计的环境保护措施与环评文件保持一致。

（3）依据环评文件的结论，输电线路设计应因地制宜选择线路型式、架设高度、杆塔塔型、导线参数、相序布置等措施，减少电磁环境影响。

（4）工程设计应对产生的工频电场、工频磁场、直流合成电场等电磁环境因子进行验算，采取相应防护措施，确保电磁环境影响满足国家标准要求。

（5）输电线路经过电磁环境敏感目标时，应采取避让或增加导线对地高度等措施，减少电磁环境影响。

（6）输电线路进入自然保护区实验区、饮用水水源二级保护区等环境敏感区时，应采取塔基定位避让、减少进入长度、控制导线高度等环境保护措施，减少对环境保护对象的不利影响。

（7）输变电工程建设项目在设计过程中应按照避让、减缓、恢复的次序提出生态环境影响防护与恢复措施。

（8）输电线路应因地制宜合理选择塔基基础，在山丘区应采用全方位长短腿与不等高基础设计，以减少土石方开挖。输电线路无法避让集中林区时，应采取控制导线高度设计，以减少林木砍伐，保护生态环境。

4.电力电缆线路

（1）说明电磁环境影响和区域环境影响程度，有影响时明确减小环境影响所采取的措施。新建城市电力线路在市中心地区、高层建筑群区、市区主干路、人口密集区、繁华街道等区域应采用地下电缆，减少电磁环境影响。

（2）针对电缆隧道和电缆沟敷设方式，应明确通风及排水设施的控制噪声措施，提出施工和运行的注意事项以及防治污染措施。

（3）依据环评文件的结论，应说明环境保护的应对措施。

5.1.4　初步设计报告环境保护篇章审查技术要点

初步设计报告环境保护篇章审查技术要点见表5-4。

表 5-4　　　　　　初步设计报告环境保护篇章审查技术要点

序号		审查要点
1	总体要求	是否已经开展环评，如已开展，审查要点应严格对照环评及其批复文件进行；如环评正在开展，应对照可行性研究及其批复文件开展，并将审查结果及时反馈环评单位
2		各项环保设施、措施是否按环评及其批复文件要求落实在设计文件中，与环评及其批复文件要求是否一致，与环评及其批复文件要求不一致时是否有偏差说明

续表

序号		审查要点
3	总体要求	是否计列环保设施、措施，尤其是施工过程中环境保护措施实施的相应费用是否计列齐全，计列概算费用是否符合取费定额
4		电磁、噪声、外排水等是否满足环评及其批复文件中标准限值要求
5		改建、扩建项目是否采取措施，治理与该项目有关的原有环境污染和生态破坏
6		若已开展环评，应对照《输变电建设项目重大变动清单》（环办辐射〔2016〕84 号）的相关要求，明确是否存在重大变动，若有重大变动是否履行环评手续
7		工程变动分析是否附前后对比图件
8	变电站（换流站、串补站、开关站）	对照环评及可行性研究，是否按要求设置污水处理设施或采取污水处理措施
		如有地埋式污水处理设施，污水处理能力是否满足正常运行要求
		如是纳管排放，是否取得纳管协议；若有排污口，是否考虑出口水质达标情况及受纳水体情况；采用污水回用的是否可行和可靠
		站区是否采取雨污分流措施
9		对照环评及可行性研究，站区总平面布置是否发生变化，如若发生变化，是否有噪声控制专题报告，噪声预测结果是否仍能满足环评标准要求，是否相应调整噪声控制方案
10		对照环评及可行性研究，噪声控制方案与措施是否一致，如若有偏差是否有噪声控制专题报告，噪声预测结果能否满足环评标准要求
11		对照环评及可行性研究，主变压器、换流变压器、高压电抗器、低压电抗器等主要噪声源设备噪声级别是否满足环评要求，若不满足是否有优化措施
12		事故油池是否有防渗处理设计，事故油池容积是否满足设计标准要求
13		对可能产生的其他危险废物，设计满足存储要求的暂存点
14		是否在站内、外相应位置设置安全警示标志
15		是否根据站址情况合理设计植被恢复措施及挡土墙、护坡、截（排）水沟等设施

序号		审查要点
16	变电站（换流站、串补站、开关站）	站区、进站道路是否合理设计绿化、硬化等措施
17		对临时占地是否合理设计植被恢复、复耕等措施
18		是否计列植被恢复、表土回填等施工期环境保护措施工程量，并计列相应费用在工程总投资中
19	输电线路	对照环评及设计规范，线高是否满足环评及规范要求，尤其是临近居民区的线高是否满足最低线高要求
20		是否充分优化线路路径，遵循避让、减缓、补偿和重建的原则，尽可能避开环境敏感目标，对于确实无法避让的生态环境敏感目标（若有），是否设计有效的生态保护措施，降低生态影响
21		线路路径若涉及自然保护区、风景名胜区、饮用水水源保护区、生态保护红线规划等生态敏感区，是否取得相应主管部门同意文件，跨越位置是否合理，同意文件中若有相关要求是否在设计文件中响应落实
22		环评及其批复文件、生态环境影响专题报告及其批复文件是否有针对各类生态敏感区的针对性生态环境保护措施
23		是否采取植被恢复措施；护坡、挡土墙、排水沟、绿化等水土保持措施；高跨、缩小塔基等林地保护措施；野生动植物保护措施等生态环境保护措施
24		各项环境保护措施是否计列工程量，特别是植被恢复、表土回填等施工期环境保护措施，并计列相应费用在工程总投资中
25		对下阶段设计建议是否明确、合理等

5.2 施工图设计阶段生态环境保护管理要点

5.2.1 施工图设计报告环境保护篇章编制内容

综合国家、行业相关设计规范规定的施工图设计阶段环境保护内容深度要求，施工图设计报告环境保护篇章编制应包括以下内容。

1. 总体要求

（1）已经开展环境影响评价并取得批复的项目，应严格对照环境影响评价及其批复文件进行设计；环境影响评价正在开展的项目，应对照初步设计及其批复文件开展，并将审查结果及时反馈给环境影响评价单位。

（2）各项环保设施、措施应按环境影响评价及其批复文件要求落实在设计文件中，不一致时应有偏差说明。

（3）足额计列环保设施、措施的相应费用。

（4）电磁、噪声、存在外排水的，应满足环境影响评价及其批复文件中标准限值的要求。

（5）存在重大变动情形的应重新履行环境影响评价手续。

2. 变电站

（1）初步设计审查意见的执行情况。

（2）生活污水处理工艺流程图（如有集中的污水处理或局部污水处理时的污水处理设施布置图）。

（3）事故油池及排油管道。应绘出事故油池的形状、工艺尺寸、进水、出水、透气等平剖面布置位置，标注指北针。根据相关规程规范确定事故油池的有效容积。

3. 架空输电线路

（1）施工图设计应以经批准的初步设计文件、初步设计评审意见、设备订货资料等设计基础资料为依据开展。

（2）对线路经过的林区、自然保护区、文物保护区等进行描述。

（3）说明复核和补充路径协议的情况。

（4）说明线路走廊清理原则（包括相关法律、法规和政策文件、环评报告和批复、规程规范的要求）。

（5）根据环评报告的结论，说明沿线自然保护区、风景名胜区、生态保护区等区域植被保护措施情况。

（6）说明减小电磁环境影响所采取的措施。

4. 电力电缆线路

应说明采取的地面绿化、水土保持等环境保护措施。

5.2.2 施工图设计报告环境保护篇章审查技术要点

施工图设计报告环境保护篇章审查技术要点见表 5-5。

表 5-5　　　　施工图设计报告环境保护篇章审查技术要点

序号		审查要点
1	总体要求	是否已经开展环评，如已开展，审查要点应严格对照环评及其批复文件进行；如环评正在开展，应对照初步设计及其批复文件开展，并将审查结果及时反馈给环评单位
2		各项环保设施、措施是否按环评及其批复文件要求落实在设计文件中，不一致时是否有偏差说明
3		是否计列环保设施、措施，尤其是施工过程中环境保护措施实施的相应费用
4		电磁、噪声、外排水等是否满足环评及其批复文件中标准限值的要求
5		若已开展环评，应对照《输变电建设项目重大变动清单（试行）》（环办辐射〔2016〕84号）的相关要求，明确是否存在重大变动，若有重大变动是否履行环评手续
6	变电站（换流站、串补站、开关站）	对照环评及初步设计，站区总平面布置是否发生变化，如若发生变化，噪声预测结果是否仍能满足环评标准要求，是否相应调整噪声控制方案
7		对照环评及初步设计，是否按要求设置污水处理设施或采取污水处理措施，如有地埋式污水处理设施，污水处理能力是否满足正常运行要求；如是纳管排放，是否取得纳管协议；若有排污口，是否考虑出口水质达标情况及受纳水体情况；站区是否采取雨污分流措施
8		对照环评及初步设计，主变压器、换流变压器、高压电抗器、低压电抗器等主要噪声源设备噪声级别是否满足环评要求，如若不满足，是否有优化措施
9		对照环评及初步设计，因噪声控制需要增加的围墙高度、长度及位置，加装的隔声屏障高度、位置、长度及材料隔声量，隔声罩的隔声量等是否一致，若有不一致是否有偏差说明或优化说明

续表

序号		审查要点
0	变电站（换流站、串补站、开关站）	事故油池是否有防渗处理设计，容积是否满足环评及其批复文件和相关设计标准要求
1		是否在站内设置固废收置设施
2		是否根据站址情况合理设计植被恢复措施及挡土墙、护坡、截（排）水沟等设施
3		是否在站内、外相应位置设置安全警示标志
4	输电线路	对照环评及设计规范，线高是否满足环评及规范要求，尤其是临近居民区的线高是否满足最低线高要求
5		线路路径若涉及自然保护区、风景名胜区、饮用水水源保护区、生态保护红线规划等生态敏感区，是否取得相应主管部门同意文件，同意文件中若有相关要求是否在设计文件中响应落实，是否设计了有针对性、有效的生态保护措施
6		是否落实护坡、挡土墙、排水沟、绿化等防护措施；高跨、缩小塔基等林地保护措施；野生动植物保护措施等生态环境保护措施
7		各项环境保护措施是否计列工程量，特别是植被恢复、表土回填等施工期环境保护措施，并计列相应费用在工程总投资中

本章小结

　　电网建设工程前期生态环境保护管理要点，重点管控设计文件中落实环境影响评价及其批复文件的要求，落实防治环境污染和防止生态破坏的措施以及环境保护设施投资概算。同时，对设计方案与环评方案存在变动情形的，应做好生态敏感区和环保措施环评复核工作，存在重大变动情形的，应重新履行环评文件的报批手续。

第 6 章　施工期生态环境保护管理

6.1　开工前环境保护管理要点

施工阶段应配备专（兼）职人员负责施工期的环境管理与监督。

6.1.1　开工前准备

（1）项目开工前应由建设单位或建设管理单位提请本项目的原环境影响评价单位或具备相关业务能力的技术咨询机构开展以下工作：一是就环评批复时间超过五年的情形，环境影响评价机构应协助建设单位或建设管理单位将环境影响评价文件报原审批部门重新审核；二是就项目的性质、规模、地点、采用的生产工艺或者防治污染、防止生态破坏的措施与环评时发生变动的情形，根据原中华人民共和国环境保护部《输变电建设项目重大变动清单（试行）》的界定原则进行环评复核，确认是否需要重新履行环评手续后，在保证环评批复有效后项目才能开工。

（2）将环境保护设施的建设进度及资金纳入施工合同。

（3）项目开工前进行施工环境保护交底。环境保护交底会由建设（管理）单位组织、协调并主持会议，各参建单位按要求参加环境保护交底会，由建设（管理）单位或其指定单位按表 6-1 要求的内容进行交底。

表 6-1　　　　电网建设项目开工前环境保护交底内容

序号	交底内容	交底单位
1	环评及其批复文件要求的环境保护措施及工程环境保护设施，重点针对生态环境敏感区特殊环境保护措施及线路临近、跨越居住类等环境保护目标的具体线高要求	环境影响评价单位
2	相关法律法规的要求	建设（管理）或其指定的单位

序号	交底内容	交底单位
3	生态环境主管部门相关要求及其他政府主管部门的生态环境保护要求	建设（管理）或其指定的单位
4	明确各参建单位应履行的环境保护职责	建设（管理）单位
5	发生重大变动的评判和相关手续的履行	建设（管理）或其指定的单位
6	环境污染事件预防和处理	建设（管理）单位

6.1.2 开工条件

根据相关法律法规要求，电网建设项目需取得以下审批手续，才具备开工条件：

（1）项目核准。

（2）建设工程（市政工程）规划许可证。

（3）林木采伐许可证、海域使用权证书（如需）。

（4）临时用地审批。

（5）国有土地划拨决定书或建设用地批准书。

（6）建筑工程施工许可证（如需）。

（7）变电站工程消防设计审核合格意见（或备案）。

（8）质量监督注册证书。

（9）环评批复（110kV 以上项目）。

（10）水土保持方案批复。

6.1.3 开工前环评批复的有效性

根据《中华人民共和国环境影响评价法》第二十二条"建设项目的环境影响报告书、报告表，由建设单位或建设管理单位按照国务院的规定报有审批权的生态环境主管部门审批"和第二十四条"建设项目的环境影响评价文件经批准后，建设项目的性质、规模、地点、采用的生产工艺或者防治污染、防止生态破坏的措施发生重大变动的，建设单位或建设管理单位应当重新报批建设项目的环境影响评价文件。建设项目的环境影响评价文件自批准之日起超过五年，方决定该项目开工建设的，其环境影响评价文件应当报原审批部门重新审核；原审批部门应当自收到建设项目环境影响评价文件之日起十日内，将审核意见书面通知建设单位或建设管理单位"的规定，有效的环评批复必须是由有审批权的生态环境主管部门审批、自批准之日五年内开工建设及发生重大变动重新取得环评批复的。

6.2 施工期生态环境保护管理要点

6.2.1 环境监理

涉及自然保护区、风景名胜区、世界文化和自然遗产地、饮用水水源保护区等环境敏感区的输变电工程、按环评文件及其批复要求开展环境监理的工程，均需进行环境监理。

环境监理原则上应从工程前期介入，协助建设单位或建设管理单位做好初步设计和施工图设计的生态环境保护管理工作，具体要求见表 6-2。重点做好施工期的生态环境保护管理工作，具体要求见表 6-3。

表 6-2　　　　　　　　　　电网建设项目设计阶段环境监理要求

序号	环境监理工作要点	目的
1	初步设计环境保护篇章落实情况核查	确保初步设计文件环境保护篇章合法合规
2	施工招标文件及施工合同环保核查	保证项目落实相关环保措施，明确施工单位环保责任为后续施工期环境管控提供依据
3	施工组织方案环保核查	施工组织方案应符合环保要求，具备可操作性
4	重大变动及项目进入生态敏感区的管控	避免出现重大变动未重新报批环评文件和项目不符合生态敏感区管理要求，出现违法情形
5	编制设计阶段环境监理报告	满足政府主管部门和建设单位或建设管理单位的生态环境保护管理要求
6	编制项目环境监理实施方案（初稿）	为项目施工期环境监理的实施做准备
7	开展项目开工前环境交底，讨论形成项目环境监理实施方案（细则）	使项目参建单位知悉项目环境保护工作重点，形成可操作环境监理实施方案

表 6–3　　　　　　　电网建设项目施工阶段环境监理要求

序号	环境监理工作要点	目的
1	现场巡视	掌握项目进度，保证项目落实相关环保措施，发现问题及时要求整改
2	现场旁站	对环境设施施工重要节点、涉及生态敏感区重要措施落实情况进行取证
3	环保问题整改核查	确保整改情况符合要求
4	环保培训	提高施工人员的环保意识
5	环保宣传	提高项目周围公众的环保意识
6	施工期环境事件应急预案及演练	提升施工人员的环保意识和应对环境事件的处理能力
7	施工期环保投诉处理	及时解决环保纠纷
8	施工期环境监测	满足环评及其批复文件中的环境监测工作要求
9	编制环境监理月报	满足政府主管部门及建设单位或建设管理单位的管理要求
10	编制环境监理总结报告	满足政府主管部门及建设单位或建设管理单位的管理要求

6.2.2　施工期环境保护管理

1.总体要求

（1）施工过程中方案变动，仍需根据原中华人民共和国环境保护部办公厅文件《输变电建设项目重大变动清单（试行）》的界定原则进行环评复核，若发现存在清单中的变动情况，且经评估可能导致不利环境影响显著加重的，工程需停工，待补充完善环评手续后，才能复工。

（2）输变电建设项目施工应落实设计文件、环境影响评价文件及其审批部门审批决定中提出的环境保护要求。设备采购和施工合同中应明确环境保护要求，环境保护措施的实施和环境保护设施的施工安装质量应符合设计和技术协议书、相关标准的要求，保证环境保护设施（措施）建设进度和资金。

（3）进入自然保护区和饮用水水源保护区等环境敏感区的输电线路，建设单位或建设管理单位应加强施工过程的管理，开展环境保护培训，明确保护对象和保护要求，严格控制施工影响范围，确定适宜的施工季节和施工方式，减少对环境保护对象的不利影响。

（4）对公众开展输变电建设项目生态环境保护科普知识宣传。

2.声环境保护

（1）采用优化施工机械布置、低噪声施工机械、避免夜间噪声施工作业等防止噪声扰民措施，变电站工程施工过程中场界环境噪声排放应满足《建筑施工场界环境噪声排放标准》（GB 12523—2011）的标准限值要求。

（2）在城市市区噪声敏感建筑物集中区域内，禁止夜间进行产生环境噪声污染的建筑施工作业，但抢修、抢险作业和因生产工艺上要求或者特殊需要必须连续作业的除外。夜间作业必须公告附近居民。

（3）设备采购招标时明确要求变压器、电抗器等主要噪声源强指标限值。

3.生态环境保护

（1）输变电建设项目施工期临时用地应永临结合，优先利用荒地、劣地。

（2）输变电建设项目施工占用耕地、园地、林地和草地，应做好表土剥离、分类存放和回填利用。

（3）进入自然保护区的输电线路，应落实环境影响评价文件和设计阶段制定的生态环境保护方案。施工时宜采用飞艇、动力伞、无人机等展放线，索道运输、人畜运输材料等对生态环境破坏较小的施工工艺。

（4）进入自然保护区的输电线路，应对工程影响区域内的保护植物进行就地保护，设置围栏和植物保护警示牌。不能避让需异地保护时，应选择适宜的生境进行植株移栽，并确保移栽成活率。

（5）进入自然保护区的输电线路，应选择合理施工时间，避开保护动物的重要生理活动期。施工区发现有保护动物时应暂停施工，并实施保护方案。

（6）施工临时道路应尽可能利用机耕路、林区小路等现有道路，新建道路应严格控制道路宽度，以减少临时工程对生态环境的影响。

（7）施工现场使用带油料的机械器具，应采取措施防止油料跑、冒、滴，防止对土壤和水体造成污染。

（8）施工结束后，应及时清理施工现场，因地制宜进行土地功能恢复。

4.水环境保护

（1）在饮用水水源保护区和其他水体保护区内或附近施工时，应加强管理，采取有效的水污染防治措施，确保水环境不受影响。

（2）施工期间禁止向水体排放、倾倒垃圾、弃土、弃渣，禁止排放未经处理的钻浆等废弃物。

（3）施工现场临时厕所的化粪池应进行防渗处理，采用废水隔油沉淀池沉淀复用等防止废水污染环境。

（4）设备采购招标时明确要求生活污水处理装置技术参数。

5. 大气环境保护

（1）施工过程中，应当加强对施工现场和物料运输的管理，在施工工地设置硬质围挡，保持道路清洁，管控料堆和渣土堆放，防治扬尘污染。

（2）施工过程中，对易起尘的临时堆土、运输过程中的土石方等应采用密闭式防尘布（网）进行苫盖，施工面集中且有条件的地方宜采取洒水降尘、植被恢复等有效措施，减少易造成大气污染的施工作业。

（3）施工过程中，建设单位或建设管理单位应当对裸露地面进行覆盖；暂时不能开工的建设用地超过 3 个月的，应当进行绿化、铺装或者覆盖。

（4）施工现场禁止将包装物、可燃垃圾等固体废弃物就地燃烧。

（5）位于城市规划区内的输变电建设项目，施工现场扬尘污染防治还应符合《防治城市扬尘污染技术规范》（HJ/T 393—2007）的规定。

6. 固体废物处置

（1）施工过程中产生的土石方、建筑垃圾、生活垃圾应分类集中收集，并按国家和地方有关规定定期进行清运处理，施工完成后及时做好迹地清理工作。

（2）在农田和经济作物区施工时，施工临时占地宜采取隔离保护措施，施工结束后应将混凝土余料和残渣及时清除，以免影响后期土地功能的恢复。

7. 环保设施

（1）根据《火力发电厂与变电站设计防火标准》（GB 50229—2019）的规定："户外单台油量为 1000kg 以上的电气设备，应设置贮油或挡油设施，其容积宜按设备油量的 20% 设计，并能将事故油排至总事故油池。总事故油池的容量应按其接入的油量最大的一台设备确定，并设置油水分离装置。当不能满足上述要求时，应设置能容纳相应电气设备全部油量的贮油设施，并设置油水分离装置。"

（2）变电站应配套建设雨水、污水管网，实行雨污分流，未污染的雨水通过雨水管道可直接外排，生活污水通过污水管网收集最终进入污水处理设施，处理达标后回用或定期清理，不外排。

（3）环境影响评价或批复文件要求建设的隔声设施、消音设施等其他环保设施。

6.3 工程前期环评手续的完善

电网建设项目的布局与地方的规划和经济发展密切相关,项目从立项到开工需要一定的周期,项目存在取得环评批复五年内未开工或取得环评批复后建设项目的性质、规模、地点、采用的生产工艺或者防治污染、防止生态破坏的措施发生变动的情形,项目开工前需完善工程前期的环评手续。

6.3.1 环评批复五年内未开工的情形

电网建设项目环评批复五年后开工的,根据《中华人民共和国环境影响评价法》第二十四条"建设项目的环境影响评价文件经批准后,建设项目的性质、规模、地点、采用的生产工艺或者防治污染、防止生态破坏的措施发生重大变动的,建设单位或建设管理单位应当重新报批建设项目的环境影响评价文件"及"建设项目的环境影响评价文件自批准之日起超过五年,方决定该项目开工建设的,其环境影响评价文件应当报原审批部门重新审核;原审批部门应当自收到建设项目环境影响评价文件之日起十日内,将审核意见书面通知建设单位或建设管理单位"。若最终设计方案对比环评方案不存在重大变动情形的,原环评文件应当报原审批部门重新审核并取得审核意见后方能开工;存在重大变动情形的,需要重新报批环评文件并取得批复方能开工。

6.3.2 重大变动的管控

1. 重大变动的评判

依据原中华人民共和国环境保护部办公厅文件《输变电建设项目重大变动清单(试行)》的界定原则,工程变动出现以下 10 种情形时,应委托有能力的技术咨询机构进行评估,确认该变动是否可能导致不利环境影响显著加重的,界定其为重大变动或一般变动。

(1)电压等级升高。

(2)主变压器、换流变压器、高压电抗器等主要设备总数量增加超过原数量的 30%。

(3)输电线路路径长度增加超过原路径长度的 30%。

(4)变电站、换流站、开关站、串补站站址位移超过 500m。

(5)输电线路横向位移超出 500m 的累计长度超过原路径长度的 30%。

（6）因输变电工程路径、站址等发生变化，导致进入新的自然保护区、风景名胜区、饮用水水源保护区等生态敏感区。

（7）因输变电工程路径、站址等发生变化，导致新增的电磁和声环境敏感目标超过原数量的 30%。

（8）变电站由户内布置变为户外布置。

（9）输电线路由地下电缆改为架空线路。

（10）输电线路同塔多回架设改为多条线路架设累计长度超过原路径长度的 30%。

2. 典型案例

【例 6-1】 某条线路环评阶段采用 500kV 电压等级设计、220kV 电压等级运行，考虑到短期较长时间内将采用 220kV 电压等级运行，环境影响评价时采用 220kV 电压等级的方案进行评价。现实际运行需要直接采用 500kV 电压等级运行，由于 500kV 线路周围的电磁环境显著高于 220kV 线路，需重新编制该 500kV 线路工程的环评文件，且通过有审批权的生态环境主管部门批复后，并经 500kV 电压等级带电并进行竣工环境保护验收调查，按规定的程序和标准对建设项目进行竣工环境保护验收，验收合格后方可正式投产。

【例 6-2】 图 6-1 所示某 500kV 变电站环评阶段为新建主变压器 2 台，初步设计阶段变更为主变压器 2 台、高压电抗器 2 台。主要设备总数量增加 2 台，增加数量占原数量（2 台）的 100%，超过 30%。经原环评单位评估，增加 2 台高压电抗器后，北侧厂界噪声贡献值为 60.9dB（A），厂界噪声超标，导致不利环境影响显著加重，需重新编制环评文件报批。

【例 6-3】 图 6-2 所示某 110kV 架空线路初步设计阶段架设方式与环评批复的方案一致，但线路路径长度增加超过原环评路径长度的 30%。经原环评单位评估，线路路径变更后，避开了原民居类环境保护敏感目标，且新路径均在山上走线，评价范围内没有电磁环境、声环境保护目标，给出了该变动后环境影响朝有利方向变化的结论。变动评估报告报原审批环评文件的生态环境主管部门备案后，生态环境主管部门给出了可纳入竣工环境保护验收一并解决的结论。

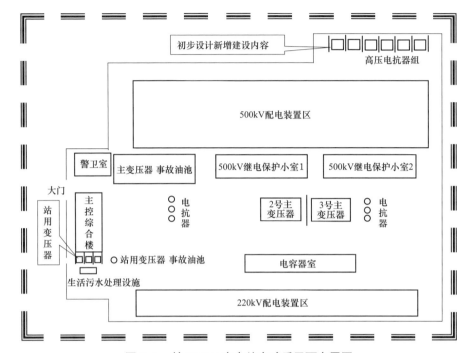

图 6-1 某 500kV 变电站变动后平面布置图

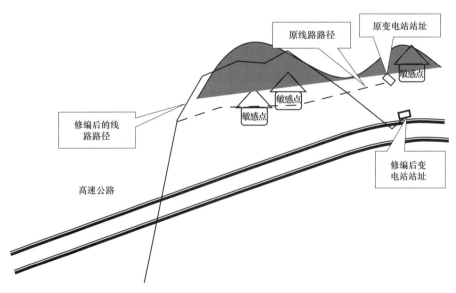

图 6-2 某 110kV 线路路径变动前后示意图

【例6-4】图 6-3 所示某 110kV 变电站站址因地质原因，施工时将环评时站址向东北方向位移 1100m，站址位移超过 500m。该变动使变电站周边环境敏感目标减少，经原环评单位进行评估后，该变动对环境影响是朝有利方向变化的，属一般变动。报原审批环评文件的生态环境主管部门备案后，纳入竣工环境保护验收一并解决。

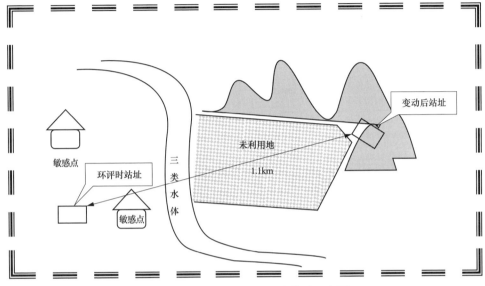

图 6-3　某 110kV 站址位移前后示意图

【例 6-5】图 6-4 所示某 220kV 架空线路工程在建设期间由于走廊受限，经当地政府同意对线路进行了较大调整，线路实际建设路径较环评路径横向位移超过 500m 的累计长度为 2800m，占原环评路径长度（4000m）的 70%，超过 30%。经原环评单位评估后，该变动导致不利环境影响显著加重，工程开工前重新报批环评文件，并取得有审批权的生态环境主管部门的批复后项目才得以开工。

【例 6-6】图 6-5 所示某 500kV 线路工程受当地规划的制约，为避让某地表饮用水水源保护区东侧规划的高速铁路、高速公路，对线路路径进行了局部调整，调整后导致穿越了某地表饮用水水源保护区的二级区，属于因输变电工程路径、站址等发生变化，导致进入新的自然保护区、风景名胜区、饮用水水源保护区等生态敏感区的情形，需在满足相关法律法规及管理要求的前提下进行方案的唯一性论证，并采取无害化方式通过。在工程开工前重新报批环评文件，并取得有审批权的生态环境主管部门的批复后项目才得以开工。

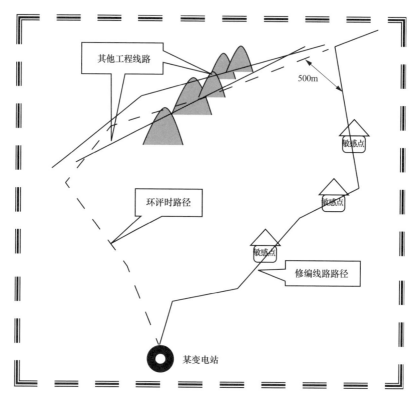

图 6-4　某 220kV 线路路径位移前后示意图

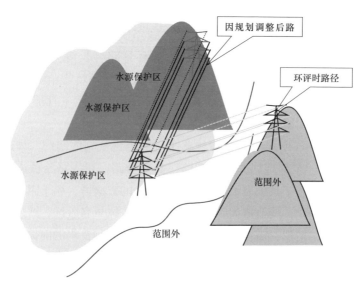

图 6-5　某 500kV 线路路径位移前后示意图

【**例 6-7**】图 6-6 所示某 220kV 线路工程在建设期间，为避让规划的工业园区，对线路路径进行了局部调整，调整后线路沿线验收阶段识别的环境保护目标为 8 处，比环评阶段的环境保护目标 5 处增加了 3 处，占原数量的 60%，超过 30%。经原环评单位评估后，该变动导致不利环境影响显著加重，工程开工前重新报批环评文件，并取得有审批权的生态环境主管部门的批复后项目才得以开工。

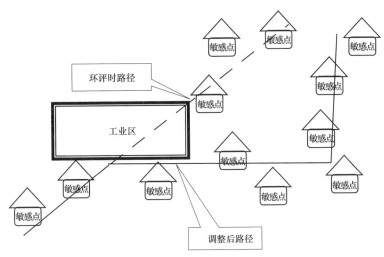

图 6-6　某 220kV 线路路径位移前后示意图

【**例 6-8**】图 6-7 及图 6-8 所示某 110kV 变电站环评阶段主变压器采用户内布置，施工设计时变动为主变压器户外布置。经原环评单位评估确属重大变动，已重新履行环评手续并取得有审批权的生态环境主管部门批复。

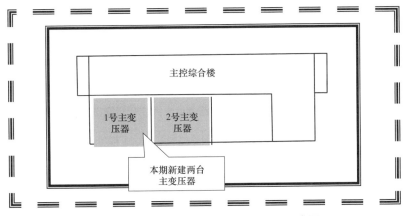

图 6-7　某 110kV 变电站环评时平面示意图

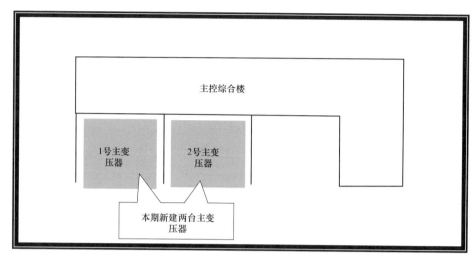

图 6-8 某 110kV 变电站变动后平面示意图

【例 6-9】图 6-9 所示某 110kV 线路工程因当地政府配套的电力管廊短期内无法建成，部分电缆段改为架空线路。经原环评单位评估后，该变动导致不利环境影响显著加重，工程开工前重新报批环评文件，并取得有审批权的生态环境主管部门的批复后项目才得以开工。

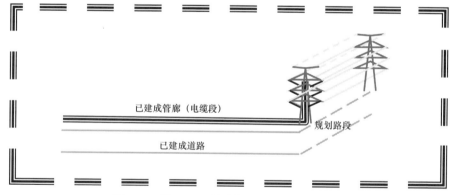

图 6-9 某 110kV 线路架设方式变化示意图

【例 6-10】图 6-10 所示某线路工程因高铁路基高程变更，局部线路架设方式由双回塔架设改为单回塔架设，累计长度 3.5km，占原路径长度（10km）的 35%，超过 30%。经原环评单位评估后，该变动导致不利环境影响显著加重，工程开工前重新报批环评文件，并取得有审批权的生态环境主管部门的批复后项目才得以开工。

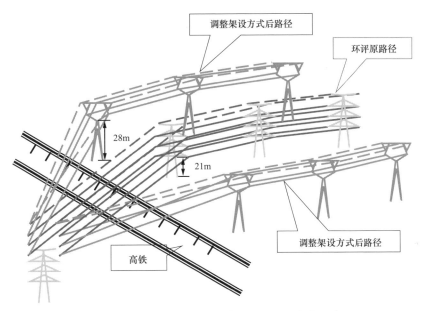

图 6-10　某 500kV 线路跨越高铁架设方式变化示意图

3. 发生变动需采取的措施

电网建设项目实施方案与环评文件的方案经复核评判，存在遗漏的生态敏感区并进入环保法律禁入区域，应变更设计方案；在取得环评批复后到开工甚至施工过程中均可能存在变动的情形，一旦出现变动，建设单位或建设管理单位应委托具备相应技术能力的环评技术咨询机构就变动情形，界定是否为重大变动或一般变动，构成重大变动的应当对变动的内容进行环境影响评价并重新报批环评文件，一般变动的需向生态环境主管部门备案。

6.4　竣工环境保护验收

依据国务院《建设项目环境保护管理条例》第十七条"编制环境影响报告书、环境影响报告表的建设项目竣工后，建设单位或建设管理单位应当按照国务院生态环境主管部门规定的标准和程序，对配套建设的环境保护设施进行验收，编制验收报告"的要求，电网建设项目竣工后应及时开展竣工环保设施验收工作。结合原中华人民共和国环境保护部《建设项目竣工环境保护验收暂行办法》，除按照国家需要保密的情形外，建设单位或建设管理单位应当通过便于公众知晓的方式，在电网建设项目竣工后，向社会公开竣工日期；对项目配套建设的环境保护设施进行调试前，向社会公开试运调试的起止日期。电网建设项目竣工环保验收应当在规定的期限内完成，验收期限一般为 3 个月，需要对竣工环保验收过程中发现的问题进行整改的，验收可以适当延期，但验收期限最长不得超过 12 个月。

6.4.1　竣工环境保护验收流程

电网建设项目的竣工环境保护验收，需要采取以下步骤进行：

（1）验收工作准备。建设单位委托验收调查工作、组织验收调查报告编制和内审、开展验收自查工作。

（2）提交验收申请。在满足验收申请条件后，由建设管理单位向建设单位环境保护归口部门提交验收申请。环境保护归口部门对建设管理部门提交的验收申请材料经初审并确认材料齐全的，确认受理竣工环保验收申请。

（3）报告技术审评。环境保护归口管理部门受理验收申请后，指定或委托有能力的技术审评机构组织开展竣工环保验收调查报告技术审评。

（4）组织现场检查。由技术审评机构根据验收调查报告技术审评情况，适时组织开展验收现场检查。

（5）提交审评意见。技术审评机构根据验收调查报告技术审评和现场检查情况，向环境保护归口管理部门提交技术审评意见。

（6）召开验收会。环境保护归口管理部门根据技术审评结论和遗留问题整改完成情况，适时组织召开验收会，开展验收审议，形成验收意见。

（7）信息公开。建设管理单位根据生态环境主管部门信息公开要求，以建设单位的名义公开验收报告、填报验收信息。验收报告包括验收调查报告、验收意见和其他需要说明的事项等三项内容。

（8）印发验收意见。上述工作完成后，环境保护归口管理部门以建设单位发文方式印发竣工环保验收意见。

电网建设项目竣工环境保护验收工作流程见图 6-11。

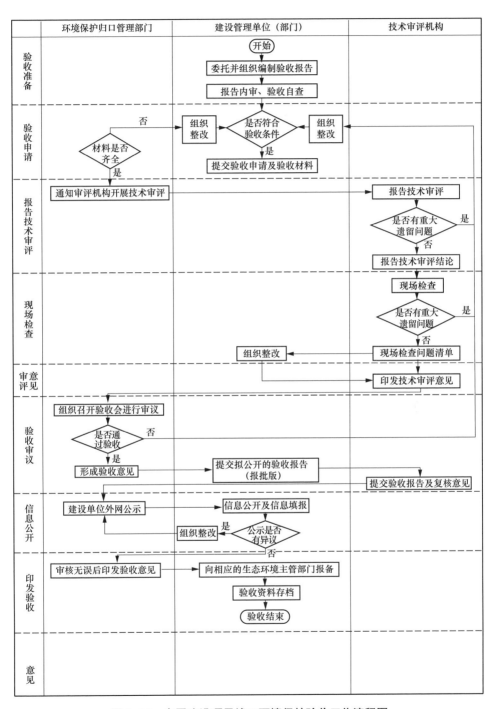

图 6-11 电网建设项目竣工环境保护验收工作流程图

6.4.2 竣工环保验收条件

电网建设项目竣工需满足下列条件才能申请竣工环保验收：

（1）涉及重大变动的，环评文件已获得重新审批，环评批复文件的要求已落实。

（2）环评及其批复文件提出的其他环保措施已落实，已不存在需要通过工程整改解决的环保问题。

（3）进入生态保护红线范围及自然保护区、风景名胜区、世界文化和自然遗产地、饮用水水源保护区、海洋特别保护区等环境敏感区的，生态保护措施已落实到位，相关手续完备。

（4）变电站（换流站）污水处理、废（事故）油收集、噪声控制等环保设施已建成。

（5）临时占地等相关迹地恢复工作已完成。

（6）变电站（换流站）厂界噪声、外排废水监测达标，变电站（换流站）和线路涉及的电磁和声环境敏感目标监测达标，且符合生态环境主管部门批复的环评执行标准。

（7）无环保纠纷或有纠纷但已妥善处理，有纠纷虽未完全处理但不存在违反建设项目环境保护法律法规和标准规范的情形，被生态环境主管部门责令改正的已完成改正。

（8）改扩建项目的原有工程环保手续齐全，不存在生态环境主管部门限批问题，已无影响验收的遗留问题。

（9）验收调查报告符合《建设项目竣工环境保护验收技术规范 输变电工程》（HJ 705—2014）的规定，基础资料数据真实，内容不存在重大缺项、遗漏或者验收结论不明确、不合理和不符合相关技术规范的情况。

（10）拟公开的验收调查报告、申请表和其他相关材料中不存在国家秘密、企业秘密和个人隐私，涉及环评批复、开工、竣工等主要信息不存在差错。

6.4.3 不能申请竣工环保验收的情形

电网建设项目竣工存在下列情况之一的不能申请竣工环保验收：

（1）涉及重大变动但未落实变动环评批复文件的。

（2）进入生态保护红线范围及自然保护区、风景名胜区、世界文化和自然遗产地、饮用水水源保护区、海洋特别保护区等环境敏感区的，生态保护措施未落实到位，相关手续不完备的。

（3）变电站（换流站）污水处理、废（事故）油收集、噪声控制等环保设施未建成的。

（4）临时占地等相关迹地恢复工作未按要求完成的。

（5）环评及其批复文件提出的其他环保措施未落实的。

（6）变电站（换流站）厂界噪声、外排废水监测超标的，变电站（换流站）和线路涉及的电磁和声环境敏感目标监测超标的。

（7）验收调查报告的基础资料数据明显不实，内容存在重大缺项、遗漏等不符合相关技术规范的。

（8）违反环保法律法规受到处罚，被责令改正，尚未改正完成的，或存在其他不符合环保法律法规等情形的。

本章小结

电网建设施工期是落实项目执行生态环境保护"三同时"制度的关键，施工期仍应对施工方案与环评方案对比存在变动情形的，做好生态敏感区和环保措施环评复核工作，存在重大变动情形的，应重新履行环评文件的报批手续；进入生态保护红线范围及自然保护区、风景名胜区、世界文化和自然遗产地、饮用水水源保护区、海洋特别保护区等环境敏感区的，生态保护措施落实到位，并按要求履行相关手续；按设计要求全面完成变电站（换流站）污水处理、废（事故）油收集、噪声控制等环保设施；临时占地等相关迹地恢复工作按要求完成；环评及其批复文件提出的其他环保措施全面落实；变电站（换流站）厂界噪声、外排废水满足相关标准限值要求，变电站（换流站）和线路涉及的电磁和声环境敏感目标电磁、声环境因子监测达标，最终做到满足监管要求。

第 7 章　运行期生态环境保护管理

电网建设项目运行期生态环境保护管理，是电网企业生产管理的主要内容之一，是保证电网设备安全、经济、稳定运行和贯彻落实国家有关的生态环境保护法律法规政策的重要手段。

7.1　环境保护设施的运行维护

依据相关国家、行业设计规范规定的电网企业环境保护设施运行维护要求，对生活污水处理装置、水封井、事故油池、雨水泵、防噪降噪等环境保护设施进行定期检查、维护及轮换工作，发现问题及时处理，并做好运行维护记录，保证其正常投用。根据《电力环境保护技术监督导则》（DL/T 1050—2016），电网企业环境保护管理中对环境保护设施的监督有如下要求：

（1）环境保护设施应有管理制度、运行检修规程、设备台账、维护记录，确保环保设施与主体设备同时运行。

（2）应定期对防噪、降噪设施使用状况进行检查和维护，保证其正常投用。

（3）应加强 SF_6 回收再生设施的监督管理，防止回收过程中 SF_6 外泄。

（4）检修时，应检查事故油池的完好情况，确保无渗漏、无溢流。

（5）对排水路线定期进行巡查，将巡视情况及时进行汇报，以便及时发现、解决问题；对雨水泵要定期进行检查、检修；定期清挖集水池。

（6）废水处理设施应保证排水能用于绿化或达标排放。

7.2　运行期环境监测

7.2.1　环境因子

电网生产运行中产生的环境因子包括工频电场、磁场、直流场、噪声、废油、废气、废水、固体废弃物（一般固体废弃物、危险废弃物）等。不同输变电项目所包含的环境因子主要内容各不相同。

（1）变电站（换流站）。厂界及变压器噪声、工频电场、磁场、直流场、废油、废气、废水；换流站监督除参照变电站外，还包括直流电场强度（合成场强）、接地极附近跨步电压。

（2）线路。交流输电线路有工频电场、工频磁场等；直流输电线路有直流电场等。

（3）输变电设施退役或实施改建项目。各种固体废弃物（一般固体废弃物、危险废弃物、绝缘油）、SF_6 气体等。

（4）外排废水：排水量、化学需氧量（COD）、5 日生物需氧量（BOD_5）、悬浮物（SS）、pH 值、石油类、氨氮、总磷等。

7.2.2　环境因子监测

电网设备运行过程中产生的环境因子应满足国家及地方的相关排放或资料标准。110kV（含 66kV）及以上变电站（换流站）、输电线路应根据有关规定开展环境因子日常监测，建立运行中变电站（换流站）、输电线路电场、磁场、噪声等环境因子监测数据库及环境敏感点数据库。

按规定周期开展 110kV 及以上变电站（换流站、开关站、串补站）和输电线路的工频电场强度、工频磁感应强度、直流电场强度（合成场强）、噪声、废水等环境因子的监测。

7.2.2.1　工频电场、磁场监测

综合《交流输变电工程电磁环境监测方法（试行）》（HJ 681—2013）的相关要求，开展交流输变电工程工频电场、磁场监测。

1. 监测仪器

工频电场和磁场的监测应使用专用的探头或工频电场、磁场监测仪器。工频电场监测仪器和工频磁场监测仪器可以是单独的探头，也可以是将两者合成的仪器。

工频电场和磁场监测仪器的探头可为一维或三维。一维探头一次只能监测空间某点一个方向的电场或磁场强度；三维探头可以同时测出空间某一点三个相互垂直方向（X、Y、Z）的电场、磁场强度分量。

探头通过光纤与主机（手持机）连接时，光纤长度不应小于 2.5m。监测仪器应用电池供电。

工频电场监测仪器探头支架应采用不易受潮的非导电材质。

监测仪器的监测结果应选用仪器的均方根值读数，均方根值参见 GB/T 2900.1—2008《电工术语　基本术语》。

2. 环境条件

环境条件应符合仪器的使用要求。监测工作应在无雨、雾、雪的天气下进行。监测时环境湿度应在 80% 以下，避免监测仪器支架泄漏电流等影响。

3. 监测方法

监测点应选择在地势平坦、远离树木且没有其他电力线路、通信线路及广播线路的空地上。

监测仪器的探头应架设在地面（或立足平面）上方 1.5m 高度处。也可根据需要在其他高度监测，并在监测报告中注明。

监测工频电场时，监测人员与监测仪器探头的距离不应小于 2.5m。监测仪器探头与固定物体的距离不应小于 1m。

监测工频磁场时，监测探头可以用一个小的电介质手柄支撑，并可由监测人员手持。采用一维探头监测工频磁场时，应调整探头使其位置在监测最大值的方向。

4. 监测布点

（1）架空输电线路。断面监测路径应选择在导线档距中央弧垂最低位置的横截面方向上，如图 7-1 所示。单回输电线路应以弧垂最低位置处中相导线对地投影点为起点，同塔多回输电线路应以弧垂最低位置处档距对应两杆塔中央连线对地投影为起点，监测点应均匀分布在边相导线两侧的横断面方向上。对于挂线方式以杆塔对称排列的输电线路，只需在杆塔一侧的横断面方向上布置监测点。监测点间距一般为 5m，顺序测至距离边导线对地投影外 50m 处为止。在测量最大值时，两相邻监测点的距离不应大于 1m。

图 7-1　架空输电线路下方工频电场和工频磁场监测点位布置图

除在线路横断面监测外，也可在线路其他位置监测，应记录监测点与线路的相对位置关系以及周围的环境情况。

（2）地下输电电缆。断面监测路径以地下输电电缆线路中心正上方的地面为起点，沿垂直于线路方向进行，监测点间距为 1m，顺序测至电缆管廊两侧边缘各外延 5m 处为止。对于以电缆管廊中心对称排列的地下输电电缆，只需在管廊一侧的横断面方向上布置监测点。

除在电缆横断面监测外，也可在线路其他位置监测，应记录监测点与电缆管廊的相对位置关系以及周围的环境情况。

（3）变电站（开关站、串补站）。监测点应选择在无进出线或远离进出线（距离边导线地面投影不少于 20m）的围墙外且距离围墙 5m 处布置。如在其他位置监测，应记录监测点与围墙的相对位置关系以及周围的环境情况。

断面监测路径应以变电站围墙周围的工频电场和工频磁场监测最大值处为起点，在垂直于围墙的方向上布置，监测点间距为 5m，顺序测至距离围墙 50m 处为止。

（4）建（构）筑物。在建（构）筑物外监测，应选择在建筑物靠近输变电工程的一侧，且距离建筑物不小于 1m 处布点。

在建（构）筑物内监测，应在距离墙壁或其他固定物体 1.5m 外的区域布点。如不能满足上述距离要求，则取房屋立足平面中心位置作为监测点，但监测点与周围固定物体（如墙壁）间的距离不小于 1m。

在建（构）筑物的阳台或平台监测，应在距离墙壁或其他固定物体（如护栏）1.5m 外的区域布点。如不能满足上述距离要求，则取阳台或平台立足平面中心位置作为监测点。

5. 监测工况

在交流输电线路和变电站的常态运行负荷、平均负荷或最大负荷时进行。

6. 监测周期

110kV 及以上变电站和输电线路新建项目投产时应进行一次监测；对已在运的输电线路和变电站进行定期监测，环境和生产设备发现变化时应及时进行监测；出现纠纷时，应根据需要增加监测频次。

7. 数据记录与处理

在输变电工程正常运行时间内进行监测，每个监测点连续测 5 次，每次监测时间不小于 15s，并读取稳定状态的最大值。若仪器读数起伏较大，应适当延长监测时间。

求出每个监测位置的 5 次读数的算术平均值作为监测结果。

除监测数据外，应记录监测时的温度、相对湿度等环境条件以及监测仪器、监测时间等；对于输电线路，应记录导线排列情况、导线高度、相间距离、导线型号及导线分裂数、线路电压、电流等；对于变电站，应记录监测位置处的设备布置、设备名称及母线电压和电流等。

7.2.2.2　直流电场强度（合成场强）、离子流密度监测

综合《直流换流站与线路合成场强、离子流密度测量方法》（DL/T 1089—2008）的相关要求，开展直流输电线路和变电站合成场强、离子流密度监测。

1. 监测仪器

（1）直流合成场强和离子流密度的测量必须使用专门的测量设备，测量仪器应具有自动记录功能。

（2）合成场强测量仪应能测出直流合成场强的大小和极性。离子流密度测量仪也应能测出离子流密度的大小和极性。

（3）通常采用场磨来测量地面合成场强，场磨应使用 1m×1m 的金属板作为接地参考平面，并将其可靠接地。

（4）通常采用平板式双面金属板收集电荷电流来测量离子流密度，其采集板的尺寸也应为 1m×1m。离子流密度测量仪的平板探头应置于绝缘支座上，高度和接地参考平面一致。

（5）测量仪器必须在校准有效期内。

2. 环境条件

地面合成场强、离子流密度的测量应在风速小于 2m/s、无雨、无雾、无雪的好天气下进行。测量的时间段不少于 30min。

3. 监测方法

测量合成场强和离子流密度时，测量仪表应直接放置在地面上（探头与地面间的距离应小于 200mm），接地板应良好接地。测量报告应清楚地标明具体位置。

测量仪器设定为自动记录，记录时间间隔可选为 30s，也可以采用其他时间间隔。使用手动记录测量时，应间隔 30s（或其他时间间隔）记录一次读数。每个测点每次测量数据不少于 100 个。多点同时测量时，应采用自动记录方式进行测量。

测量仪应与测量人员保持足够远的距离（至少 2.5m），避免在场磨处产生较大的电场畸变或影响离子流的分布；与固定物体的距离不应小于 1m，以减小固

定物体对测量值的影响。

4.监测布点

（1）直流输电线路。测量直流输电线路地面合成场强和离子流密度时，测量地点应选在地势平坦、远离树木杂草以及没有其他电力线路、通信线路和广播线路的空地上。

输电线路地面合成场强和离子流密度测点应选择在极导线档距中央弧垂最低位置的横截面方向上，如图 7-2 所示。测量时两相邻测点间的距离可以任意选定，但在测量最大值时，两相邻测点间的距离不应大于 5m。输电线路下合成场强和离子流密度一般测至距离边导线对地投影外 50m 处即可。

除在线路横截面方向上测量外，也可在线下其他感兴趣的位置进行测量，同时也要详细记录测点及周围的环境情况。

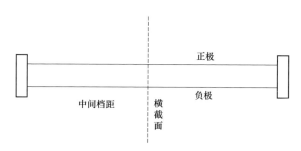

图 7-2 输电线路下方合成场强和离子流密度测量布点图

（2）换流站内。换流站合成场强和离子流密度测点应选择在换流站直流侧场地的巡视走道、直流母线下等直流区域位置。

（3）换流站外。

1）换流站围墙外合成场强和离子流密度测量。合成场强和离子流密度测点应选在无进出线或远离进出线的直流侧围墙外且距离围墙 5m 的地方布置，测量合成场强和离子流密度的最大值。换流站围墙外合成场强和离子流密度测至围墙外 50m 处即可。

2）换流站围墙外合成场强和离子流密度衰减测量。合成场强和离子流密度衰减测点以距离换流站围墙外 5m 处为起点，在垂直于围墙的方向上分布。在测量合成场强和离子流密度的衰减时，相邻两测点间的距离一般为 5m，但也可选其他较小的距离，所有这些参数均应记录在测量报告中。

（4）邻近民房。直流输电线路邻近民房位置的地面合成场强和离子流密度的测点应布置在靠近线路最近极导线侧距离民房（围）墙外侧不小于 1m 处。当线路极导线距离房屋较近（最小距离为 5 ～ 10m)时，可在民房楼顶平台位置处测量；在民房楼顶平台上测量时，应在距离周围墙壁和其他固定物体（如护栏）不小于 lm 的区域内测量地面合成场强和离子流密度。若民房楼顶平台的几何尺寸不满足这个条件，则不进行测量。

换流站附近民房及其他位置的监测布点参照直流输电线路邻近民房进行。

5. 监测工况

在直流输电线路和变电站的常态运行负荷、平均负荷或最大负荷时进行。

6. 监测周期

换流站、开关站、串补站和直流输电线路新建项目投产时应进行一次监测；对已在运的直流输电线路和换流站进行定期监测，环境和生产设备发现变化时应及时进行监测；出现纠纷时，应根据需要增加监测频次。

7. 测量记录与数据处理

在地面合成场强、离子流密度的连续测量中，测量数据分散性较大，应用累计概率的方法进行数据处理。线路、换流站的地面合成场强测量数据按测点统计，每个测点数据按绝对值大小排序，求出 95% 的数据不超过的值为最大值；80% 不超过的值为 80% 值；50% 不超过的值为平均值。以 100 个同一测点地面合成场强数据为例，则第 95 个、第 80 个和第 50 个测量数据作为该点 95%、80%、50% 所对应的值，分别为该点地面合成场强的最大值、80% 值和平均值，以便进行环境评价。离子流密度测量数据也应按测点统计，并以 90% 值作为评价依据。

7.2.2.3 噪声监测

综合《声环境质量标准》（GB 3096—2008)、《工业企业厂界环境噪声排放标准》（GB 12348—2008 ）的相关要求，开展变电站（换流站、开关站、串补站）厂界噪声及输变电工程周围声环境质量监测。

1. 监测仪器

精度为 2 型及 2 型以上的积分平均声级计或环境噪声自动监测仪器，其性能需符合《电声学 声级计 第 1 部分：规范》（GB 3785.1—2010 ）的规定，测量35dB 以下的噪声应使用 1 型声级计，且测量范围应满足所测量噪声的需要，并定期校验。测量前后使用声校准器校准测量仪器的示值偏差不得大于 0.5 dB，否则测量无效。声校准器应满足《电声学 声校准器》（GB / T 15173—2010）对 1级或 2 级声校准器的要求。

2. 环境条件

测量应在无雨、雪、雷电天气，风速为 5m/s 以下时进行。不得不在特殊气象条件下测量时，应采取必要措施保证测量准确性，同时注明当时所采取的措施及气象情况。

3. 监测方法

分别在昼间、夜间两个时段测量。夜间有频发、偶发噪声影响时同时测量最大声级。被测声源是稳态噪声，采用 1min 的等效声级。被测声源是非稳态噪声，测量被测声源有代表性时段的等效声级，必要时测量被测声源整个正常工作时段的等效声级。

测量时传声器加防风罩。测量仪器时间计权特性设为"F"挡，采样时间间隔不大于 1s。

4. 监测布点

（1）厂界噪声。一般情况下，测点选在变电站（换流站）厂界外 1m、高度 1.2m 以上、距任一反射面距离不小于 1m 的位置。当厂界有围墙且周围有受影响的噪声敏感建筑物时，测点应选在厂界外 1m、高于围墙 0.5m 以上的位置。当厂界无法测量到声源的实际排放状况时（如声源位于高空、厂界设有声屏障等），应按上述方式设置测点，同时在受影响的噪声敏感建筑物户外 1m 处另设测点。

（2）噪声敏感建筑物。测点一般设于噪声敏感建筑物户外。不得不在噪声敏感建筑物室内监测时，应在门窗全打开状况下进行室内噪声测量，并采用比该噪声敏感建筑物所在声环境功能区对应环境噪声限值低 10dB（A）的值作为评价依据。

室外噪声测量时，在受影响的噪声敏感建筑物户外 1m 处设测点。室内噪声测量时，室内测点设在距任一反射面至少 0.5m 以上、距地面 1.2m 高度处，在受噪声影响方向的窗户开启状态下测量。固定设备结构传声至噪声敏感建筑物室内，在噪声敏感建筑物室内测量时，测点应距任一反射面至少 0.5m 以上、距地面 1.2m、距外窗 1m 以上，在窗户关闭状态下测量。被测房间内的其他可能干扰测量的声源（如电视机、空调机、排气扇以及镇流器较响的日光灯、运转时出声的时钟等）应关闭。

5. 监测工况

在变电站的常态运行负荷、平均负荷或最大负荷时进行。监测变电站站界昼间、夜间噪声及变压器等声源设备本体噪声。

6. 监测周期

110kV 及以上电压等级的城镇变电站站界昼间、夜间噪声及变压器等声源设备本体噪声应每年进行一次监测；设备大修前后，应进行噪声监测，其他变电站可根据具体情况确定监测周期。

7. 背景噪声测量

测量环境：不受被测声源影响且其他声环境与测量被测声源时保持一致。

测量时段：与被测声源测量的时间长度相同。

8. 测量记录与数据处理

噪声测量时需做测量记录。记录内容应主要包括：被测量单位名称、地址、厂界所处声环境功能区类别、测量时气象条件、测量仪器、校准仪器、测点位置、测量时间、测量时段、仪器校准值（测前、测后）、主要声源、测量工况、示意图（厂界、声源、噪声敏感建筑物、测点等位置）、噪声测量值、背景噪声值、测量人员、校对人、审核人等相关信息。

噪声测量值与背景噪声值相差大于 10dB（A）时，噪声测量值不做修正。噪声测量值与背景噪声值相差在 3 ～ 10dB（A）之间时，噪声测量值与背景噪声值的差值取整后，按表 7-1 进行修正。噪声测量值与背景噪声值相差小于 3dB（A）时，应在采取措施降低背景噪声后，视情况依上述方法执行；仍无法满足上述方法要求的，应按《环境噪声监测技术规范　噪声测量值修正》（HJ 706—2014）等的有关规定执行。

表 7–1　　　　　　　　　测量结果修正表　　　　　　　　单位：dB（A）

差值	3	4 ～ 5	6 ～ 10
修正值	−3	−2	−1

7.2.2.4　变电站外排废水监测

1. 监测项目

排水量、化学需氧量（COD）、悬浮物（SS）、pH 值、石油类、生物化学需氧量（BOD_5）、总磷、氨氮等。

2. 监测周期

有外排废水的变电站应每年监测一次，220kV 以下及废水直接排入城市市政管网的变电站仅进行排水量的监测，其他项目可根据污染物权重选做。排水量一般应采用在线监测装置并辅以现场流量计测量，其他水质指标一般采用现场采样固定后尽快带回实验室监测。

3. 监测标准

GB 6920—1986　水质　pH 值的测定　玻璃电极法

GB 11901—1989　水质　悬浮物的测定　重量法

HJ 505—2009　水质　五日生化需氧量（BOD_5）的测定　稀释与接种法

HJ 536—2009　水质　氨氮的测定　水杨酸分光光度法

HJ 637—2018　水质　石油类和动植物油类的测定　红外分光光度法

HJ 671—2013　水质　总磷的测定　流动注射-钼酸铵分光光度法

HJ 828—2017　水质　化学需氧量的测定　重铬酸盐法

4. 实验步骤

（1）pH 值的测定。先配制好标准缓冲溶液。按采样要求，采取具有代表性的水样。按仪器使用说明书进行仪器校准；先用蒸馏水冲洗电极，再用水样冲洗，然后将电极浸入样品中，小心摇动试杯或进行搅拌，以加速电极平衡，静置，待读数稳定后记下 pH 值。

注意事项：标准缓冲溶液应按《pH 测量用缓冲溶液》（GB/T 27501—2011）制备、保存；并按《pH 值测定用复合玻璃电极》（GB/T 27500—2011）或《pH 值测定用玻璃电极》（GB/T 27756—2011）及《pH 值测定用参比电极》（GB/T 27757—2011）选择、处理和安装玻璃电极和甘汞电极；测定水样的 pH 值建议在现场进行，否则，应在采样后把样品保持在 0～4℃，并在采样后 6h 之内进行测定，纯水为中性，25℃时 pH 值为 7.0，小于这个值的溶液为酸性，大于这个值的溶液为碱性。

（2）悬浮物的测定。将一张滤纸放在称量瓶中，打开瓶盖，每次在 103～105℃中烘干 2h，取出，冷却后盖好瓶盖称重，直至恒重为止（两次称重相差 0.0005g）。分取除去漂浮物后，振荡均匀的适量水样（使含总不可虑残渣大于 2.5mg），通过上述称重至恒重的滤纸过滤，用蒸馏水冲洗残渣 3～5 次，如样品中含油脂，则用 10mL 石油醚分两次进行淋洗残渣。小心取下滤纸，放入原称重瓶内，在 103～105℃中烘干 2h，取出，冷却后盖好瓶盖称重，直至恒重为止。

（3）化学需氧量（COD）的测定。用全玻璃蒸馏器制得的重蒸馏水配制好一定浓度的含汞盐的重铬酸钾标准溶液、硫酸亚铁铵标准溶液、邻苯二甲酸氢钾基准溶液、硫酸、硫酸银-硫酸溶液和试亚铁灵指示剂。用一定比例上述浓度的含汞盐的重铬酸钾基准溶液、硫酸银-硫酸溶液和水的混合液回流 2h 清洗回流装置。取适量试样稀释至测试浓度范围，加入上述含汞盐的重铬酸钾标准溶液和几粒玻璃珠，混匀，慢慢加入适量硫酸银－硫酸溶液，混匀，接上冷凝管，加热回流 2h；冷却后，用少量水冲洗冷凝管内壁入烧瓶，稀释至一定浓度，冷却至室温，加 2～3 滴试亚铁灵指示剂，用硫酸亚铁铵标准溶液滴定过量的重铬酸盐到溶液由黄色经蓝绿刚变成红棕色为终点，记录标准滴定溶液的用量。同时按上述操作步骤进行空白试验。

结果的表述见式（7-1）：

$$COD(O_2, mg/L) = \frac{(V_1 - V_2) \times c \times 8 \times 1000}{V_0}$$

（7-1）

式中　V_1——空白滴定时所消耗的硫酸亚铁铵标准溶液的体积，mL；

V_2——试料滴定时所消耗的硫酸亚铁铵标准溶液的体积，mL；

V_0——稀释前，渗沥水试样的体积，mL；

c　——硫酸亚铁铵标准溶液实际浓度，mol/L；

8　——1/4 O_2 的摩尔质量，g/mol。

注意事项：若 COD 值低于 30mL/L，则以"＜ 30mL/L"报告结果。对于化学需氧量的试样，需进行多次稀释；若试样氯离子含量超过 30mg/L，需消除干扰；试剂用量随试样取用量不同而变；每次试验时，应对硫酸亚铁铵标准溶液进行标定。

（4）石油类和动植物油的测定。参照《污水监测技术规范》（HJ 91.1—2019）和《地下水环境监测技术规范》（HJ/T 164—2004）的相关规定进行样品的采集。用 500mL 样品瓶采集工业废水和生活污水。采集好样品后，加入盐酸酸化至 pH ＜ 2。如样品不能在 24h 内测定，应在 2～5℃下冷藏保存，3d 内测定。将试样全部转移至 1000mL 分液漏斗中，量取 50.0mL 四氯化碳洗涤样品瓶后，全部转移至分液漏斗中。振荡 3min，并经常开启旋塞排气，静置分层后，将下层有机相转移至已加入 5g 无水硫酸钠的具塞磨口锥形瓶中，摇动数次。如果无水硫酸钠全部结晶成块，需要补加无水硫酸钠，静置。将上层水相全部转移至 1000mL 量筒中，测量样品体积并记录。将萃取液分为两份，一份直接用于测定总油。另一份加入 5g 硅酸镁，置于旋转振荡器上，以 180～200r/min 的速度连续振荡 20min，静置沉淀后，上清液经玻璃砂芯漏斗过滤至具塞磨口锥形瓶中，用于测定石油类。以实验用水代替样品，按照试样的制备步骤制备空白试样。测定和检验校正系数。

　　总油的测定：将未经硅酸镁吸附的萃取液转移至 4cm 比色皿中，以四氯化碳作参比溶液，于 2930cm^{-1}、2960cm^{-1}、3030cm^{-1} 处测量其吸光度 $A_{1.2930}$、$A_{1.2960}$、$A_{1.3030}$，计算总油的浓度。

　　石油类浓度的测定：将经硅酸镁吸附后的萃取液转移至 4 cm 比色皿中，以四氯化碳作参比溶液，于 2930cm^{-1}、2960cm^{-1}、3030cm^{-1} 处测量其吸光度 $A_{2.2930}$、$A_{2.2960}$、$A_{2.3030}$，计算石油类的浓度。

　　动植物油类浓度的测定：总油浓度与石油类浓度之差即为动植物油类浓度。当萃取液中油类化合物浓度大于仪器的测定上限时，应在硅酸镁吸附前稀释萃取液。

　　以空白试样代替试样，按照与上述测定相同步骤进行测定。

　　样品中总油的浓度 ρ_1，按照式（7-2）进行计算。

$$\rho_1 = \left[X \cdot A_{1.2930} + Y \cdot A_{1.2960} + Z \left(A_{1.3030} - \frac{A_{1.2930}}{F} \right) \right] \cdot \frac{V_0 \cdot D}{V_w} \tag{7-2}$$

式中　　　　　　　　　ρ_1——样品中总油的浓度，mg/L；

　　　　X、Y、Z、F——校正系数；

$A_{1.2930}$、$A_{1.2960}$、$A_{1.3030}$——各对应波数下测得萃取液的吸光度；

　　　　　　　　　　V_0——萃取液的体积，mL；

　　　　　　　　　　V_w——样品体积，mL；

　　　　　　　　　　　D——萃取液稀释倍数。

　　样品中石油类的浓度 ρ_2，按照式（7-3）进行计算。

$$\rho_2 = \left[X \cdot A_{2.2930} + Y \cdot A_{2.2960} + Z \left(A_{2.3030} - \frac{A_{2.2930}}{F} \right) \right] \cdot \frac{V_0 \cdot D}{V_w} \tag{7-3}$$

式中　　　　　　　　　ρ_2——样品中石油类的浓度，mg/L；

$A_{2.2930}$、$A_{2.2960}$、$A_{2.3030}$——各对应波数下测得经硅酸镁吸附后滤出液的吸光度。

其他参数见式（7-1）。

　　样品中动植物油类的浓度 ρ_3，按式（7-4）进行计算。

$$\rho_3 = \rho_1 - \rho_2 \tag{7-4}$$

式中　ρ_3——样品中动植物油类的浓度，mg/L。

　　注意事项：四氯化碳在 2800 ～ 3100cm^{-1} 扫描，不应出现锐峰，其吸光度值不应超过 0.12（4cm 比色皿、空气池作参比）。每批样品分析前，应先做方法空白实验，空白值应低于检出限。

（5）五日生化需氧量（BOD$_5$）的测定。样品采集按照《污水监测技术规范》（HJ 91.1—2019）的相关规定执行。采集的样品应充满并密封于棕色玻璃瓶中，样品量不小于1000mL，在0～4℃的暗处运输和保存，并于24h内尽快分析。24h内不能分析，可冷冻保存（冷冻保存时避免样品瓶破裂），冷冻样品分析前需解冻、均质化和接种。样品均需经前处理后，备用。

配制一定浓度的磷酸盐缓冲液、氯化钙溶液、氯化镁溶液、盐酸溶液、氢氧化钠溶液、亚硫酸钠溶液、葡萄糖-谷氨酸标准溶液、丙烯基硫脲硝化抑制剂、乙酸溶液、碘化钾溶液、淀粉溶液，备用。

稀释水：控制水温在（20±1）℃，用曝气装置使水中的溶解氧达到8mg/L以上，经前处理，20℃保存，备用。曝气的过程中防止污染，特别是防止带入有机物、金属、氧化物或还原物。稀释水中氧的质量浓度不能过饱和，使用前需开口放置1h，且应在24h内使用。剩余的稀释水应弃去。

接种稀释水：根据接种液的来源不同，每升稀释水中加入适量接种液，生活污水加1～10mL，将接种稀释水存放在（20±1）℃的环境中，当天配制当天使用。接种稀释水的pH值为7.2，BOD$_5$应小于1.5mg/L。

（6）溶解氧的测定。碘量法测定试样中的溶解氧，将试样充满两个溶解氧瓶中，使试样少量溢出，防止试样中的溶解氧质量浓度改变，使瓶中存在的气泡靠瓶壁排出。将一瓶盖上瓶盖，加上水封，在瓶盖外罩上一个密封罩，防止培养期间水封水蒸发干，在恒温培养箱中培养5d±4h或（2+5）d±4h后测定试样中溶解氧的质量浓度。另一瓶15min后测定试样在培养前溶解氧的质量浓度。溶解氧的测定按《水质 溶解氧的测定 碘量法》（GB/T 7489—1987）进行操作。

电化学探头法测定试样中的溶解氧：将试样充满一个溶解氧瓶中，使试样少量溢出，防止试样中的溶解氧质量浓度改变，使瓶中存在的气泡靠瓶壁排出。测定培养前试样中的溶解氧的质量浓度。盖上瓶盖，防止样品中残留气泡，加上水封，在瓶盖外罩上一个密封罩，防止培养期间水封水蒸发干。将试样瓶放入恒温培养箱中培养5d±4h或（2+5）d±4h。测定培养后试样中溶解氧的质量浓度。溶解氧的测定按《水质 溶解氧的测定 电化学探头法》（GB/T 11913—1989）进行操作。

（7）非稀释法和非稀释接种法。如样品中的有机物含量较少，BOD$_5$的质量浓度不大于6mg/L，且样品中有足够的微生物，则用非稀释法测定。若样品中的有机物含量较少，BOD$_5$的质量浓度不大于6mg/L，但样品中无足够的微生物，如酸性废水、碱性废水、高温废水、冷冻保存的废水或经过氯化处理等的废水，则采用非稀释接种法测定。

待测试样：测定前待测试样的温度达到（20±2）℃，若样品中溶解氧浓度低，则需要用曝气装置曝气 15min，充分振摇赶走样品中残留的空气泡；若样品中氧过饱和，则将容器的 2/3 体积充满样品，用力振荡赶出过饱和氧，然后根据试样中微生物含量的情况确定测定方法。非稀释法可直接取样测定；非稀释接种法，每升试样中加入适量的接种液，待测定。若试样中含有硝化细菌，有可能发生硝化反应，需在每升试样中加入 2mL 丙烯基硫脲硝化抑制剂。

空白试样：非稀释接种法，每升稀释水中加入与试样中相同量的接种液作为空白试样，需要时每升试样中加入 2mL 丙烯基硫脲硝化抑制剂。

空白试样的测定方法同上。

非稀释法按式（7-5）计算样品 BOD_5 的测定结果。

$$\rho = \rho_1 - \rho_2 \tag{7-5}$$

式中　ρ——五日生化需氧量质量浓度，mg/L；

　　　ρ_1——水样在培养前的溶解氧质量浓度，mg/L；

　　　ρ_2——水样在培养后的溶解氧质量浓度，mg/L。

非稀释接种法按式（7-6）计算样品 BOD_5 的测定结果。

$$\rho = (\rho_1 - \rho_2) - (\rho_3 - \rho_4) \tag{7-6}$$

式中　ρ——五日生化需氧量质量浓度，mg/L；

　　　ρ_1——接种水样在培养前的溶解氧质量浓度，mg/L；

　　　ρ_2——接种水样在培养后的溶解氧质量浓度，mg/L；

　　　ρ_3——空白试样在培养前的溶解氧质量浓度，mg/L；

　　　ρ_4——空白试样在培养后的溶解氧质量浓度，mg/L。

（8）稀释与接种法。稀释与接种法分为两种情况：稀释法和稀释接种法。若试样中的有机物含量较多，BOD_5 的质量浓度大于 6mg/L，且样品中有足够的微生物，则采用稀释法测定；若试样中的有机物含量较多，BOD_5 质量浓度大于 6mg/L，但试样中无足够的微生物，则采用稀释接种法测定。

待测试样：测定前待测试样的温度达到（20±2）℃，若试样中溶解氧浓度低，则需要用曝气装置曝气 15min，充分振摇赶走样品中残留的气泡；若样品中氧过饱和，则将容器的 2/3 体积充满样品，用力振荡赶出过饱和氧，然后根据试样中微生物含量的情况确定测定方法。稀释法测定，稀释倍数可根据样品的总有机碳（TOC）、高锰酸盐指数（I_{Mn}）或化学需氧量（COD_{Cr}）的测定值确定，然后用稀释水稀释。稀释接种法测定，用接种稀释水稀释样品。若样品中含有硝化细菌，有可能发生硝化反应，需在每升试样中加入 2mL 丙烯基硫脲硝化抑制剂。稀释法测定，空白试样为稀释水；稀释接种法测定，空白试样为接种稀释水；按同样方法制空白试样。

试样和空白试样的测定方法同上。

稀释法与稀释接种法按式（7-7）计算样品 BOD_5 的测定结果。

$$\rho = \frac{(\rho_1 - \rho_2) - (\rho_3 - \rho_4)f_1}{f_2}$$ （7-7）

式中　ρ——五日生化需氧量质量浓度，mg/L；

　　　ρ_1——接种水样在培养前的溶解氧质量浓度，mg/L；

　　　ρ_2——接种水样在培养后的溶解氧质量浓度，mg/L；

　　　ρ_3——空白试样在培养前的溶解氧质量浓度，mg/L；

　　　ρ_4——空白试样在培养后的溶解氧质量浓度，mg/L；

　　　f_1——接种稀释水或稀释水在培养液中所占的比例；

　　　f_2——原样品在培养液中所占的比例。

BOD_5 的测定结果以氧的质量浓度（mg/L）报出。对稀释与接种法，如果有几个稀释倍数的结果满足要求，结果就取这些稀释倍数结果的平均值。

注意事项：结果报告中应注明样品是否经过过滤、冷冻或均质化处理；每一批样品做两个分析空白试样，稀释法空白试样的测定结果不能超过 0.5mg/L，非稀释接种法和稀释接种法空白试样的测定结果不能超过 1.5mg/L，否则应检查可能的污染来源。

（9）氨氮的测定。制备无氨水、一定浓度的乙醇溶液、硫酸吸收液、轻质氧化镁、氢氧化钠溶液、显色剂（水杨酸 - 酒石酸钾钠溶液）、次氯酸钠使用液、硝普钠溶液、氢氧化钾清洗溶液、溴百里酚蓝指示剂、氨氮标准贮备液、氨氮标准中间液、氨氮标准使用液，备用。

将硫酸吸收液移入接收瓶内，确保冷凝管出口在硫酸溶液液面之下。分取水样移入烧瓶中，加几滴溴百里酚蓝指示剂，必要时，用氢氧化钠溶液或硫酸溶液调整 pH 至 6.0（指示剂呈黄色）～ 7.4（指示剂呈蓝色），加入轻质氧化镁及数粒玻璃珠，立即连接氮球和冷凝管。加热蒸馏，使馏出液速率约为 10mL/min，待馏出液达一定量时，停止蒸馏，加水定容。

样品测定：取水样或经过预蒸馏的试料 8.00mL（当水样中氨氮质量浓度高于 1.0 mg/L 时，可适当稀释后取样）于 10mL 比色管中。加入 1.00mL 显色剂和 2 滴硝普钠溶液，混匀。再滴入 2 滴次氯酸钠使用液并混匀，加水稀释至标线，充分混匀。显色 60min 后，在 697nm 波长处，用 10mm 或 30mm 比色皿，以水为参比测量吸光度。

先制备校准曲线：取 6 支 10mL 比色管，分别加入上述氨氮标准使用液，用水稀释，按上述步骤测量吸光度。以扣除试剂空白的吸光度为纵坐标，其对应的氨氮含量（μg）为横坐标，绘制校准曲线。

以水代替水样，按与样品分析相同的步骤进行预处理和测定。

水样中氨氮的质量浓度按式（7-8）进行计算。

$$\rho_N = \frac{A_s - A_b - a}{b \times V} \times D \qquad (7\text{-}8)$$

式中　ρ_N——水样中氨氮的质量浓度（以 N 计），mg/L；

　　　A_s——样品的吸光度；

　　　A_b——试剂空白的吸光度；

　　　a——校准曲线的截距；

　　　b——校准曲线的斜率；

　　　V——所取水样的体积，mL；

　　　D——水样的稀释倍数。

注意事项：试剂空白的吸光度不应超过 0.030（光程 10mm 比色皿）；蒸馏过程中，某些有机物很可能与氨同时馏出，对测定有干扰，其中有些物质（如甲醛）可以在酸性条件（pH < 1）下煮沸除去。在蒸馏刚开始时，氨气蒸出速度较快，加热不能过快，否则造成水样暴沸，馏出液温度升高，氨吸收不完全，馏出液速率应保持在 10mL/min 左右；若水杨酸未能全部溶解，可再加入数毫升氢氧化钠溶液，直至完全溶解为止，并用 1mol/L 的硫酸调节溶液的 pH 值在 6.0 ～ 6.5。

（10）总磷的测定。制备一定浓度的硫酸溶液、过硫酸钾消解溶液、钼酸铵溶液、酒石酸锑钾储备液、显色剂、还原剂、硫酸载液、磷酸二氢钾标准储备液和标准使用溶液、焦磷酸钠标准储备液和标准使用液、5- 磷酸吡哆醛标准储备液和标准使用溶液、色度浊度补偿液、NaOH-EDTA 清洗液，准备好纯度不小于 99.99% 的氩气。

按照《污水监测技术规范》（HJ 91.1—2019）和《地下水环境监测技术规范》

（HJ/T 164—2004）的相关规定采集和保存样品。在采样前，用水冲洗所有接触样品的器皿，样品采集于清洗过的聚乙烯或玻璃瓶中。采集后应立即加入硫酸至 pH ≤ 2，常温可保存 24h。可于 -20℃冷冻，保存期 1 个月。

按仪器说明书安装分析系统、调试仪器、设定工作参数。按仪器规定的顺序开机后，以纯水代替所有试剂，检查整个分析流路的密闭性及液体流动的顺畅性。待基线稳定后（约 20min），系统开始进试剂，待基线再次稳定后，进行校准、样品测定和空白试验。

量取适量标准系列，分别置于样品杯中，由进样器按程序依次从低浓度到高浓度取样、测定。以测定信号值（峰面积）为纵坐标，对应的总磷质量浓度（以 P 计，mg/L）为横坐标，绘制校准曲线。

按照与绘制校准曲线相同的条件，进行试样的测定和用适量实验用水代替试样的空白试验。

样品中总磷的质量浓度按照式（7-9）进行计算。

$$\rho = \frac{y-a}{b} \times f \qquad (7-9)$$

式中　ρ——样品中总磷的质量浓度（以 P 计），mg/L；

　　　y——测定信号值（峰面积）；

　　　a——校准曲线的截距；

　　　b——校准曲线的斜率；

　　　f——稀释倍数。

当测定结果小于 1.00mg/L 时，测定结果保留至小数点后三位；当测定结果大于或等于 1.00mg/L 时，测定结果保留三位有效数字。

注意事项：含磷量较少的样品（总磷的质量浓度不大于 0.1mg/L），不宜用聚乙烯瓶贮存，冷冻保存状态除外；样品中砷、铬、硫对总磷的测定产生干扰，具体消除方法见《水质　总磷的测定　钼酸铵分光光度法》（GB/T 11893—1989）；样品的浊度或色度干扰，可通过补偿测量进行校正；当样品 pH < 2 或 pH > 10 时，应在分析前将试样的 pH 值调至中性。因流动注射分析仪流路管径较细，不适用于测定含悬浮物、颗粒物较多或颗粒粒径大于 250μm 的样品；试剂应保持澄清，必要时应过滤。封闭的化学反应系统若有气泡会干扰测定，因此，除标准溶液外的所有溶液须除气，可采用氦气除气 1min 或超声除气 30min。

7.2.2.5　监测文档的管理

做好监测记录和报告的存档，建立运行中变电站、输电线路电场、磁场、噪声等环境因子监测数据库，满足生态环境保护的管理要求。

7.3 检修管理

电网设备检修和运行维护过程中做好环境保护措施，防止油污抛洒地面污染环境；对产生的废水、废油、SF_6 等进行回收处理或循环利用，做好记录并建立档案。

对生活污水处理装置、水封井、事故油池、雨水泵、防噪降噪等环保设施定期进行检查，发现问题应及时报修；并做好检修记录，保证其正常投用。环境保护设施的检修应做到：

（1）生活污水处理装置检修后，应确保装置处理能力、处理效果满足要求。保证排水能用于绿化或达标排放。

（2）事故油池及配套设施检修后，应检查系统的完好情况，确保无渗漏、无溢流。

（3）防噪、降噪设施检修后，防噪、降噪效果应符合要求，保证其正常投用。

运行维护人员应根据工作计划要求，定期进行辅助设施维护、试验及轮换工作，发现问题及时处理。

7.4 电网环境因子超标治理

为了满足城市工业和居民生活日益增长的用电需求和城市区域的不断外扩，一些高电压、大容量的输变电设施出现在居民较为密集区域，为使电网发展与环境相协调，防止输变电设施产生环境因子超标扰民现象，电网企业应采取有效措施，积极开展输变电设施、措施的环境因子超标治理，以保证输变电设施周围的电磁环境及声环境质量符合环境保护相关要求。

7.4.1 法律、法规及相关管理规定

根据《中华人民共和国环境保护法》第四十二条"排放污染物的企业事业单位和其他生产经营者，应当采取措施，防治在生产建设或者其他活动中产生的废

气、废水、废渣、医疗废物、粉尘、恶臭气体、放射性物质以及噪声、振动、光辐射、电磁辐射等对环境的污染和危害。排放污染物的企业事业单位，应当建立环境保护责任制度，明确单位负责人和相关人员的责任。"

　　电网设备运行过程中产生的各类污染应符合国家及地方的环境保护标准，电网企业对输变电设备运行过程中产生的电场、磁场、噪声等环境因子应进行监测分析，加强废水、废油、SF₆气体等管理，对于不能达到国家环境保护标准的变电站（换流站、开关站、串补站）和跨越或临近民房（违法、违规的除外）的输电线路，应进行治理以达到标准要求。各级电网企业应安排专项节能与环保资金，积极推广应用先进适用的节能与环境保护新技术、新工艺、新设备和新材料，依靠技术进步，降低输、配电设备和系统的能源消耗，减少电网建设、运行过程中对环境的影响，确保环境保护设施的正常投运和污染物的达标排放。

　　输变电设施环境因子主要存在变电站厂界噪声和架空输电线路工频电场强度超过国家标准限值的可能。

7.4.2　噪声治理

　　变电站内的噪声源主要是变压器，变压器噪声分为本体噪声和冷却装置噪声，其次是电抗器和开关设备。根据声学原理，声学系统一般由声源、传播途径和接收器三个环节组成。

　　1. 执行标准

　　GB 12348—2008　工业企业厂界环境噪声排放标准

　　GB 3096—2008　声环境质量标准

　　2. 噪声超标的原因

　　（1）噪声源强（声源）过大。变电站主变压器声源随电压等级的升高而增大；变电站若在设计过程中未考虑采用低噪声设备，则会使变电站主变压器、电抗器等电气设备本身的声源较大，对周边声环境影响较大。另外，有些变电站运行时间较久，变压器设备由于老化等原因使得其运行噪声变大。

　　（2）变电站的平面布置（传播途径）不合理。变电站平面布置以全户外布置、全户内布置和半户内布置为主。若在居住人口密集区的变电站在平面布置设计时未考虑噪声影响，采用敞开式的全户外布置或主要噪声源位于户外的半户内布置，则产生的噪声传播到周边，变电站厂界及周边居民点处的声环境可能会产生噪声超标的问题。

　　（3）噪声敏感点的声环境功能区划。声环境功能区划决定了变电站厂界区域的声环境质量标准，声环境质量标准越高，变电站要求达到的厂界噪声值越小，才能符合相应的声环境功能区划要求。

3. 超标治理的类别

（1）厂界噪声超标，受到周围居民投诉或举报的。

（2）处于居民密集区且厂界噪声超标扰民的。

（3）因散热系统能力不足，夏季必须打开检修门散热运行，因此造成厂界噪声超标扰民的户内变电站。

（4）变电站扩建工程环境影响评价文件中要求"以新代老"，与扩建工程同步实施变电站噪声治理工程的变电站。

4. 治理措施

针对变电站噪声超标原因，目前所采取的噪声治理措施也基本从声源、传播途径和接收器方面进行控制。

（1）声源控制。降低声源是从源头控制最有效的方法，变电站在前期设计时，在保证电气设备的安全性、可靠性的基础上，应选择低噪声变压器、电抗器等设备。对于因电气设备老化而导致噪声超标的变电站，应及时进行升级改造，更换为声源更小的电气设备。

（2）传播途径控制。在传播途径上可通过隔声、吸声、消声等措施，增加噪声在传播途径中的能量损失。变电站厂界内可针对声源设置隔声屏障，110kV 和 220kV 主变压器可进行户内布置，由建筑物墙体作为隔声屏障；对于布置在户外的 500kV 主变压器两侧的防火墙，可根据噪声防护需要，在防火墙墙体上加装吸音材料，必要时可在无防火墙的一侧增设隔声屏，对主变压器噪声在传播途径上起到降噪作用；对于户外布置的高压电抗器，可采用 Box-in 降噪措施。另外，应用较多的隔声措施就是增加围墙高度和在围墙上增设隔声屏障。另一种在传播途径上的减噪措施是增加声源与厂界的距离，即噪声衰减距离。一般在项目设计前期就需提出优化变电站平面布置形式，主变压器设置在变电站中心位置，两侧最靠边的主变压器需考虑与变电站厂界的距离，高压电抗器等电气声源尽量远离厂界，必要时适当增加变电站征地范围和厂界与各声源的距离。目前变电站设计时通常采用标准化模块布置，给予降噪考虑的调整平面布置的空间较有限。

（3）接受者防护。变电站周边受到变电站噪声影响的敏感建筑物，在变电站本体采取一系列降噪措施后，仍可能由于距离变电站较近、噪声衰减距离不够而产生噪声超标；或敏感建筑物所处声环境功能区等级较高，环境背景噪声已临近标准值，再叠加变电站噪声后产生超标。目前，针对变电站周边敏感建筑物采取的治理措施主要是建筑物加装通风隔声窗。相对于前两种控制措施，接受者防护是最难实施的控制措施。

7.4.3　工频电场强度超标治理

工频电场主要是感应电流、感应电压，以及"暂态电击"（麻电），均不会产生"放射性"或"电离辐射"或"核辐射"（如 X 射线）导致生物体内"电离"，都不会断开 DNA 的化学键。我国在输电线路设计标准中均明确了架空交流输电线路对地面和建筑物，包括民房的距离要求。

1. 执行标准

GB 8702—2014　电磁环境控制限值

2. 工频电场强度超标的原因

架空输电线路对地高度及对敏感建筑物高度不满足环境保护要求。

3. 治理措施

针对输电线路工频电场超标原因，主要可以采取以下措施来降低敏感点的工频电场强度：

（1）增加铁塔（杆塔）高度。

（2）紧线，调节线路弧垂，增加输电线路对地高度。

（3）若条件具备，迁改输电线路。

（4）架空输电线路电缆化。

（5）敏感点前加设电磁防护网。

（6）输电线路下方安装电磁屏蔽网。

7.5　SF_6 气体的管理

SF_6 气体的管理工作包括气体回收、运输、净化处理、检测、发放和领用、回充等流程。

7.5.1　执行标准

GB/T 8905—2012　六氟化硫电气设备中气体管理和检测导则

GB/T 12022—2014　工业六氟化硫

7.5.2　SF₆新气体管理

（1）SF₆新气体的质量应符合表 7-2 的相应规定。

表 7–2　　　　　设备中 SF₆ 气体水分的交接试验值和运行允许值

允许值	产生电弧的气室（μL/L）	不产生电弧的气室（μL/L）
交接试验值	150	500
运行允许值	300	1000

注　以上值为体积比。

（2）SF₆新气体的复检方法和步骤。SF₆新气体到货后应立即按相关的管理和检测要求进行检测和按《六氟化硫气瓶及气体使用安全管理规则》规定的要求进行检查。同时按照《工业六氟化硫》（GB/T 12022—2014）的规定进行抽样分析（见表 7-3），如有不符合质量规定的，则与生产厂家联系。

表 7–3　　　　　　　　　　抽样气瓶数的规定

每批气瓶数	选取的最少气瓶数
1	1
2 ～ 40	2
41 ～ 70	3
70 以上	4

（3）气瓶存放时间超过半年以上者，充装前应再进行湿度测量，结果要符合新气体的质量要求。若发现气体质量已不符合要求，则应用气体回收装置进行净化处理，经检验合格后方可充入设备。

7.5.3　SF₆气体回收管理

（1）设备中的 SF₆ 气体（包括设备故障后的 SF₆ 气体）必须通过 SF₆ 回收装置将 SF₆ 气体全部回收，不得直接向大气排放。

（2）回收的气体应装入标有回收气体标志的钢瓶中，对设备故障后回收的故障气体应做明确标识并分类单独存放。

（3）用于回收气体的钢瓶必须是经检验合格的专用钢瓶，气瓶的使用应符合《气瓶安全监察规定》（国家质量技术监督检验检疫总局〔2003〕第46号令）的规定，过期未经检验或检验不合格的气瓶严禁使用。做好每个钢瓶的称重和瓶号记录。

（4）非故障设备中回收的SF$_6$气体应逐瓶进行气体纯度、湿度和分解产物含量等测试，对检测结果符合《工业六氟化硫》（GB/T 12022—2014）新气体质量标准，且不含有SO$_2$、H$_2$S等分解产物的回收气体，可直接回充使用；对检测结果不符合《工业六氟化硫》（GB/T 12022—2014）要求的气体，以及故障设备中回收的SF$_6$气体应全部运送到六氟化硫处理中心进行净化再生处理。如果回收的气体量较少，可储存在仓库，待积累到一定量后再送到六氟化硫处理中心处理。

（5）气体回收装置应加强管理，建立设备档案和使用维护记录，气体回收装置的维护管理工作应纳入设备管理考核范围。

（6）有毒或腐蚀性的粉末和吸附剂应封存在密闭容器中，统一送至六氟化硫处理中心处置。

7.5.4　回收的SF$_6$气体净化处理

（1）六氟化硫处理中心应严格按照回收气体净化处理的相关规定和处理程序对气体进行批量集中净化再生。充装气体应使用检验合格的专用气瓶，在充装前应检查气瓶检验期限、外观缺陷、阀体与气瓶连接处的密封性。

（2）对气体净化处理过程中的SF$_6$废气，六氟化硫处理中心应作无害处理（如采用碱液吸收的方法）。

（3）六氟化硫处理中心应根据《工业六氟化硫》（GB/T 120222—2014）规定的要求对净化后气体的质量指标（湿度、纯度、四氟化碳、空气含量）进行逐瓶检验，检验过的合格气体按《工业六氟化硫》（GB/T 12022—2014）规定的要求进行抽样送检，所有的质量指标应符合SF$_6$新气体标准。

（4）六氟化硫处理中心对检测合格的气体贴上出厂合格证，并做好合格气瓶的批号、瓶号、净重（kg）、瓶重（kg）、处理日期、检测时间、检测人、检测结果等数据。

（5）SF$_6$气体净化处理过程中的有关数据记录应规范化并做好存档工作。

7.5.5　回收的 SF$_6$ 气体再利用

（1）各单位将回收的 SF$_6$ 气体送至六氟化硫处理中心时，可按比例领取应急及生产需要的合格 SF$_6$ 气体，以降低运输成本。领取量宜提前报送六氟化硫处理中心，六氟化硫处理中心应根据各单位的需求做好生产储备。

（2）六氟化硫处理中心应储备好合格 SF$_6$ 气体，以满足使用单位的应急需要和日常生产需要。每个单位至少要备有一定量的 SF$_6$ 气体，并根据生产需要及时到处理中心增添合格 SF$_6$ 气体。

（3）再生净化后的 SF$_6$ 气体回充到设备，应按设备投运前气体的质量要求执行。

7.5.6　SF$_6$ 气瓶运输、贮存

（1）SF$_6$ 气瓶运输由气体使用单位负责。

（2）SF$_6$ 气瓶运输时应卧放，气瓶所配安全帽、防震圈要齐全。搬运时应轻装轻卸，严禁滑抛或敲击碰撞。

（3）SF$_6$ 气体的存放应按照验收合格新气体、回收待处理气体、待检测气体、空瓶分类存放；存放气瓶要竖放，气瓶要悬挂标签，标签向外。

（4）SF$_6$ 气瓶应设单独房间存放，房间必须通风良好，应有防晒、防潮措施，严禁靠近热源及有油污的地方。

（5）六氟化硫处理中心应根据相关规定定期对中心自有以及各单位送至处理中心的 SF$_6$ 空瓶进行安全检查和检验。

7.5.7　SF$_6$ 气体管理记录

地市供电公司和省检修公司应做好所辖区域内 SF$_6$ 电气设备充装量以及 SF$_6$ 气体使用情况等统计工作，并录入 SF$_6$ 气体管理信息系统。省六氟化硫处理中心应统计本中心 SF$_6$ 气体回收、净化、出库、入库、库存等气体量和新气体采购量以及气体来源、去向等信息，并录入 SF$_6$ 气体管理信息系统。

7.6　电网废弃物环境管理

电网废弃物是指在输、变、配电设施建设、运维、退役等过程中丧失原有

利用价值或者虽未丧失利用价值但被抛弃或者放弃的、有可能对环境造成不利影响的报废物资。电网废弃物按照环境危险特性分类，分为危险废弃物和一般废弃物。危险废弃物是指列入《国家危险废物名录》或者根据国家规定的危险废物鉴别标准和鉴别方法认定的具有危险特性的电网废弃物，主要包括废矿物油、废铅酸蓄电池等；一般废弃物是指除危险废弃物以外的电网废弃物，主要包括废锂电池、废绝缘子、废电缆盖板、废非金属表箱和废混凝土电杆等。对电网废弃物应采取防扬散、防流失、防渗漏以及其他防止污染环境的措施，不得擅自倾倒、堆放、丢弃和遗撒。

7.6.1　危险废弃物

1.执行标准

GB 18597—2001 危险废物贮存污染控制标准

HJ 2025—2012 危险废物收集、贮存、运输技术规范

2.废矿物油的收集、暂存、处置、运输

建立防止电气设备检修时油污污染管理制度，并采取有效措施防止油污扩散至地面。

（1）收集：不同型号废矿物油应分类收集。收集容器应具有防腐功能，容器材质和衬里要与废矿物油不相容、不发生化学反应；盛装废矿物油时，容器预留容积不应少于总容积的 5%，密封存放，设置呼吸孔，防止膨胀；其包装物（容器）按规范粘贴危险废弃物标签。及时分类回收并做好标识和记录（如电压等级、油型号、油生产厂家、运行时间、故障历史及运行中各项检测指标参数等）。

（2）暂存：废油暂存场地应独立、警示标识明确、有防漏措施和地面防渗措施，达到相应的消防安全标准。

（3）运输：委托有相关资质及营业执照的运输单位执行。

（4）处置：各单位应定期或不定期与有资质的危险废物处理机构签订危险废物处理协议，对本单位产生的需要处理的危险废物进行环境无害化处置。各单位在转移危险废物前，须按照国家有关规定报批危险废物转移计划；经批准后，产生单位应当向移出地环境保护行政主管部门申请领取联单。

（5）各单位运检部门、调控中心、信通公司应负责对本单位产生的废油的出入库、转移处置记录、危险废弃物转移联单进行建档。

3. 废铅酸蓄电池的收集、暂存、处置、运输

建立铅酸蓄电池安全收集、暂存、处置、运输管理制度，做好个人防护和防止电解液泄漏措施。

（1）收集：按照危险废弃物的种类进行分类收集；及时回收并做好标识和记录（如电池型号、生产厂家、容量、电压、运行时间、退役报废原因、运行与维护过程中的技术参数等）；收集工作人员要穿戴必要的防护装备；收集场所设置隔离带，破损漏液电池单独收集，倒出电解液单独管理，拆除后电池应直立放置。

（2）暂存：废铅酸蓄电池暂存场地应独立、干燥通风、禁止露天存放且警示标识明确、设有废电解液收集装置，并达到相应的消防安全标准，防止可能存在的着火、爆炸、化学物质泄漏等安全隐患；不得直接堆放在地上，应放置于电池架或者有绝缘功能的承重板上，保持通风散热。最大量不大于 30t，暂存最长不超过 60d。

（3）运输：委托有相关资质及营业执照的运输单位执行。

（4）处置：应委托持有危险废物综合经营许可证的铅酸蓄电池生产企业或铅再生企业等相关单位进行环境无害化处置。

（5）各单位运检部门、调控中心、信通公司应负责对本单位产生的废蓄电池的出入库、转移处置记录、危险废弃物转移联单进行建档。

7.6.2　一般废弃物

1. 废锂电池的收集、暂存、处置

（1）收集：废锂电池应及时回收并做好标识和记录（如电池型号、生产厂家、容量、电压等）；废锂电池拆除前进行外观检视，破损或漏液电池单独收集，设置隔离带，通风良好。破损或漏液电池的电解液应做环境无害化处置，防止影响环境和人体健康。

（2）暂存：废锂电池暂存场地应独立、干燥通风、禁止露天存放且警示标识明确、设有废电解液收集装置，并达到相应的消防安全标准；不得直接堆放在地上，应放置于电池架或者有绝缘功能的承重板上，保持通风散热。

（3）处置：可委托符合《新能源汽车废旧动力蓄电池综合利用行业规范条件》的企业进行综合利用或按照《废电池污染防治技术政策》《新能源汽车动力蓄电池回收利用管理暂行办法》等要求委托第三方（或社会公共机构）进行环境无害化处置。

2.对废绝缘子的收集、暂存、处置

（1）收集、暂存：废绝缘子、废电缆盖板、废非金属表箱和废混凝土电杆等一般废弃物应及时回收并做好标识和记录（如线路名称、电压等级、运行时间、报废原因等）；废绝缘子整体就地拆除；按废瓷瓶绝缘子、废玻璃绝缘子、废复合绝缘子等分类暂存，统一管理；统一收集，运至指定场所暂存。

（2）处置：实物使用保管单位在符合安全、环境等相关要求前提下，自行或委托第三方（或社会公共机构）实施环境无害化处置。

3.其他一般废弃物的收集、暂存、处置

（1）收集、暂存：废电容器、废电线电缆应及时回收并做好标识和记录（废电容器如电压、型号，废电缆电线如规格型号）；分类暂存，统一管理；统一收集，运至指定场所暂存。

（2）处置：实物使用保管单位在符合安全、环境等相关要求前提下，自行或委托第三方（或社会公共机构）实施环境无害化处置。

4.台账管理

应及时填报电网废弃物管理记录表，做好处置记录台账管理。

7.7　环境保护档案管理

7.7.1　基础档案

（1）电网建设项目项目前期、工程前期相关生态环境保护手续履行过程的档案、资料。

（2）各输变电项目的环保设施台账。

（3）监测档案：各变电站、输电线路环境因子（工频电磁场、噪声）监测时的环境参数、排放监测点布置图、原始记录、实验报告（有试验人员、审核、分管领导签字的）；所有仪器设备的台账（检定合格证书、使用说明书、操作规程等）、保管制度。

7.7.2　环境保护设施维护档案

所有环境保护设施管理制度、设备台账、维护记录、运行检修规程等。

7.7.3　环境统计档案

环境统计档案如 SF$_6$ 出入库统计表、危险废弃物出入库、转移处置记录、危险废弃物转移联单、环境保护技术监督报表（月报、季报、年报）等。

7.7.4　相关的文件档案

（1）环保相关的法律、法规和技术标准。

（2）有关环保技术监督的规定、条例等文件。

（3）本单位制定的环保技术监督实施细则、环保技术监督计划及总结等。

（4）环保技术监督会议资料及环保技术监督的活动记录。

（5）污染事故调查、分析及处理等资料。

本章小结

电网建设项目运行期生态环境保护管理工作是电网企业生产管理的重要内容之一，环保设施运行状况良好，可有效地控制污染物排放，保证生产正常运行，是输变电设施环境质量状况得到保证的前提条件。

生态环境保护是我国的一项基本国策，加强输变电设施运行期的管理和监控，确保输变电设施噪声、电磁环境等指标严格达标，努力把电网企业打造成生态环境友好型电网。

参考文献

［1］如何看待先污染后治理 [N]. 中国青年网，2014-03-06.

［2］严耕 . 从战略高度破解环境污染难题 [N]. 人民日报，2013-07-28.

［3］翟真 . 俄罗斯的生态文明及其对中国的启示 [N]. 思想战线，2013(4).

［4］王莹 . 国外生态治理实践及其经验借鉴 [N/OL]. 人民论坛网，2017-06-30.
http://www.rmlt.com.cn/2017/0630/481320.shtml.

［5］周宏春 . 我国生态环境保护的新理念、新任务、新举措 [N]. 中国发展观察，
2018-06-13.